60分でわかる！

THE BEGINNER'S GUIDE TO
POWER SEMICONDUCTOR

パワー半導体

超入門

半導体業界ドットコム  著

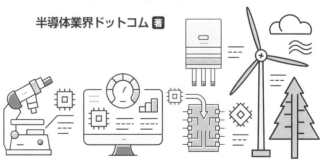

技術評論社

Contents

Part

3

さまざまな分野で活躍する

パワー半導体の種類と用途

37

Part

4

ウエハ製造、前工程、後工程からなる

パワー半導体のつくり方

59

Part **5** 優れた特性をもつ半導体材料
SiCパワー半導体とGaNパワー半導体 …… 75

Part **6** 急拡大して競争が激化している
パワー半導体の市場動向 …… 95

Part **7** 多様な戦略でシェア拡大を目指す
主要なパワー半導体企業の動向 115

Part **8** 社会の変化とともに需要が高まる
パワー半導体の未来 137

Part

1

電力制御に必須のデバイス

パワー半導体とは

パワー半導体とは

● パワー半導体は脱炭素化の切り札のひとつ

　近年、気候変動対策として二酸化炭素（CO_2）を排出しないエネルギー利用（脱炭素化）が注目されるなか、「パワー半導体」という用語がニュースなどで取り上げられるようになりました。

　「パワー半導体」とは何でしょうか。まず、「パワー」は「電力」のことを指します。そして「半導体」は、電気を通す「導体」と、電気を通さない「絶縁体」の中間の性質をもつ物質のことです。半導体には、電気を流したり流さなかったりする切り替え（スイッチ）の機能をもたせることができます。つまりパワー半導体は、**電力を制御できる素子（デバイス）**のことなのです。

　私たちは普段、電気を使うために、コンセントにプラグを指し、スイッチを入れて電化製品などを動作させています。この電気は、家庭に届くまでに大きく3つのステップがあります。1つめは発電です。電気はまず発電所でつくられます。2つめは送電・変電です。つくられた電気は、家庭などに届ける必要があります。発電されたばかりの電気は、数十万Vという超高電圧で送電され、途中の変電所で電圧を下げ、用途に合った電圧で供給されます。そして、3つめは電力変換です。家庭には主に交流100Vの電気が供給されます。その電気を電化製品に必要な電圧に変換して使います。

　このように**発電から電気利用までの間に、数多くの電力変換が行われています**。これを行うのがパワー半導体です。電力変換が行われると、電気の20〜30%が失われます。そのため、**変換効率の高いパワー半導体の開発**が、脱炭素化の切り札のひとつとなるのです。

電力を制御するパワー半導体

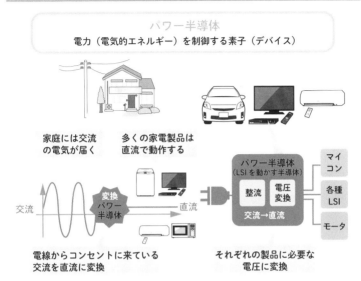

パワー半導体
電力（電気的エネルギー）を制御する素子（デバイス）

家庭には交流の電気が届く　多くの家電製品は直流で動作する

電線からコンセントに来ている交流を直流に変換

それぞれの製品に必要な電圧に変換

出典：サンケン電気株式会社「パワー半導体とは？」を参考に作成

電気が家庭に届くまで

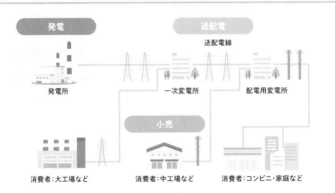

出典：資源エネルギー庁「電力供給の仕組み」をもとに作成

まとめ
☐ パワー半導体とは電力を制御・変換するための半導体
☐ 高効率なパワー半導体は脱炭素化の切り札のひとつ

パワー半導体は
何に使われている?

● 電源アダプタや家電の内部などで電力変換を行う

　パワー半導体は、私たちの身の回りでは、どこに使われているのでしょうか。まずは身近な家庭のなかを見てみましょう。

　本書を今、デスクの卓上ライトの下で読んでいるとしたら、卓上ライトにはコンセントに指す電源アダプタが付いているはずです。パワー半導体はこの**電源アダプタのなかに入っていて、家庭に届く交流100Vの電気を直流数V程度に変換**しています（P.24参照）。長時間使っていると、電源アダプタが熱くなることがありますが、これは電力の変換ロスにより、電気が熱になったエネルギーなのです。

　そのほか、スマートフォンの充電器やパソコンにも、同様の電源アダプタが付いています。また、冷蔵庫やエアコン、テレビの内部でも、同様の電力変換が行われています。自動車にもパワー半導体が使われています。特に電気自動車は、バッテリーに充電した電気を動力源として走ります。バッテリーの電気は直流です。これを使って**モータを動かすためには直流を交流に変換**する必要があります。ここで使われる「インバータ」のなかにパワー半導体が数多く用いられています。社会のなかでもパワー半導体は使われています。前節で見た電力変換もそうですし、電車や新幹線では車両のモータ駆動や空調装置、ドア開閉装置などにパワー半導体が使われています。工場で使う工作機械などの産業機器にも、モータ制御や電力変換を行うためのパワー半導体が用いられています。

　日常で直接目にする機会はほとんどありませんが、私たちの身の回りにはパワー半導体があふれています。

● 家庭や社会のさまざまな機器に用いられるパワー半導体

●電化製品

テレビ

洗濯機

冷蔵庫

エアコン

> パワー半導体
>
> 電源アダプタや電化製品の
> 内部などで電力変換を行う

省エネをさらに向上させ
るため、インバータ化が
進んでいる

●電気自動車（EV）

バッテリーの電気を
使ってモータを動かす
ために直流に変換

●新幹線

車両のモータ駆動や空調
装置、ドア開閉装置など
に使われる

●産業機器

モータ制御や電力変換を
行うために用いられる

●太陽光発電

太陽電池で発電した直流
電力を交流に変換し、
電力系統へ供給する

まとめ	□ 家庭のなかでは電化製品や自動車などに使われている
	□ 社会のなかでは電車や産業機器などに使われている

そもそも半導体とは何か

● 物理学的な意味と一般的な意味の2つがある

　「半導体」という言葉はここ数年、ニュースや新聞において、コロナ禍における半導体不足や、米中対立における経済安全保障上の重要物資、といった文脈で多く取り上げてきました。

　P.8で触れたように、半導体は物質の性質を表す言葉で、その**物質がもつ電気の流れやすさ（電気抵抗率または電気伝導率）について、導体と絶縁体の中間に位置する物質**のことです。主な半導体物質には、シリコン（Si）やゲルマニウム（Ge）などがあります。

　半導体のおもしろい点は、この電気の流れやすさを、半導体に添加する不純物の量や、不純物添加によってできる半導体（p型半導体とn型半導体、詳しくはP.16参照）を接合することで制御できる点です。不純物を添加していないシリコンは絶縁体に近い性質ですが、不純物を加えることで導体に近い性質に変えることができます。この特徴を生かすことで電気のオン・オフを制御するスイッチとなり、計算や記憶などに使うことができます。

　現代において、半導体という言葉は、代表的な半導体物質である**シリコンでつくったIC（Integrated Circuit：集積回路）などの「半導体チップ」**のことを指します。半導体製品には多くの種類があり、WSTS（世界半導体市場統計）による製品分類では、大きくICと非ICに二分されます。そしてICはさらに4つに分けられ、ロジック、メモリ、マイクロ、アナログがあります。非ICのほうはさらに3つに分けられ、オプト、センサ、ディスクリートがあります。このなかで**パワー半導体は、ディスクリートと呼ばれる製品群に分類**されます。

◯ 半導体という言葉がもつ2つの意味

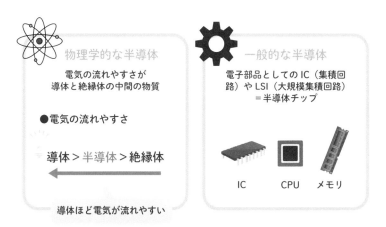

物理学的な半導体

電気の流れやすさが
導体と絶縁体の中間の物質

●電気の流れやすさ

導体 > 半導体 > 絶縁体

導体ほど電気が流れやすい

一般的な半導体

電子部品としての IC（集積回
路）や LSI（大規模集積回路）
＝半導体チップ

IC　　CPU　　メモリ

◯ 電子部品としての半導体の分類

●IC（集積回路）

マイクロ
マイコンや
プロセッサなど

ロジック
ASIC や
FPGA など

アナログ
AD/DA 変換、
電源 IC など

メモリ
DRAM、
フラッシュメモリなど

●非 IC（集積回路以外）

オプト
LED、
レーザなど

センサ
圧力センサ、
ジャイロセンサなど

ディスクリート
パワー半導体、
IGBT など

WSTS（世界半導体市場統計）に
よる半導体の製品分類

まとめ	☐ 半導体とは本来、導体と絶縁体の中間の物質 ☐ 一般的に半導体とは IC などの半導体チップを指す

電気が流れるための
原子構造と電子

● 電子を共有し合うシリコンの共有結合

　物質に電気が流れるということは、物質内で電子が移動するという現象です。この電子の移動を制御できるのが半導体デバイスです。電子の移動を理解するため、シリコン（Si、ケイ素）を例に、簡単な原子構造を確認してみましょう。中学校の理科の授業で出てきたように、原子の中心部にはプラスの電荷（電気の素）をもつ陽子と、電荷をもたない中性子から構成される原子核があります。そして原子核の外に、マイナスの電荷をもつ電子があります。

　シリコンは元素周期表の14族に属しており、原子核のなかにある陽子の個数は14個です。一方、原子核の外側に電子が14個あるので、全体としては**プラスとマイナスが一致し、電気的には中性**です。原子核の外側にある電子は、「電子軌道」と呼ばれる軌道に配置されており、最も内側（k殻）に2個、その次の軌道（l殻）に8個、最外周の軌道（m殻）に4個あります。最外周の電子は「価電子」と呼ばれ、この**価電子が原子の結合や電気の伝導に影響**します。

　シリコン原子では、最外殻の電子が8個のとき、価電子の配置が安定するため、隣り合うほかの4つのシリコン原子と電子を1個、共有し合って結合します。これを「共有結合」と呼びます。この状態のシリコン原子は強い結合力をもち、**電子は共有結合によって使われているので、電気の伝導にほとんど寄与しません**。これを「真性半導体」と呼びます。この真性半導体に不純物を加えることにより、n型やp型の半導体をつくることができるのです。これは次節で説明します。

● シリコン原子の構造と結晶構造

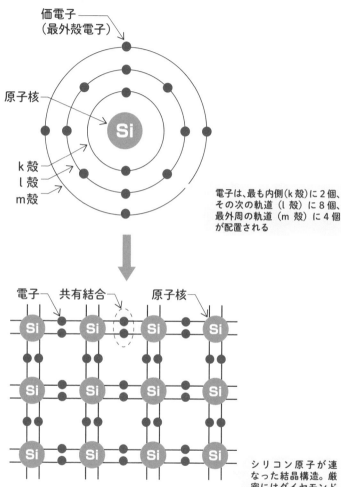

価電子
（最外殻電子）

原子核

Si

k 殻
l 殻
m 殻

電子は、最も内側（k殻）に2個、
その次の軌道（l 殻）に8個、
最外周の軌道（m 殻）に4個
が配置される

電子　共有結合　原子核

Si　Si　Si　Si

Si　Si　Si　Si

Si　Si　Si　Si

シリコン原子が連
なった結晶構造。厳
密にはダイヤモンド
構造という3次元の
構造をしている

まとめ	□ シリコン原子は4つの価電子をもつ構造
	□ 周囲の原子と電子を共有して共有結合をする

電子が移動する
n型半導体とp型半導体

● 電子を移動できるようにしたp型とn型の半導体

　n型半導体は、真性半導体のシリコンに、不純物として元素周期表の15族に属する元素（たとえばP：リン）を微量に添加した半導体のことです。n型半導体の名前の由来は、**負（negative）の電荷をもつ電子が電気の担い手**であるためです。

　シリコンにリンを添加した場合を考えてみましょう。リンがもつ5個の価電子のうち、4個はシリコン原子と共有結合をします。残りの1個はどの原子にも束縛されない自由電子となります。この自由電子は、電圧を加えると、自由に動き回ることができます。つまり、**n型半導体は通常より電子が多い**半導体なのです。

　p型半導体は、シリコンに不純物として元素周期表の13族に属する元素（たとえばB：ボロン）を微量に添加した半導体のことです。p型半導体の名前の由来は、**正（positive）の電荷をもつ正孔が電気の担い手**であるためです。シリコンにボロンを添加した場合を考えてみましょう。ボロンには価電子が3つしかないので、シリコン原子との共有結合に必要な電子が1つ不足します。この**電子が不足・欠損した場所を正孔**と呼びます。p型半導体に電圧を加えると、近くにある電子が正孔に移動します。そうすると、移動した電子があった場所に正孔ができます。そこにまた別の電子が移動することを繰り返すことで、正孔がプラスの電荷をもって移動しているように見えます。つまり、**p型半導体は通常より電子が少ない**半導体なのです。このn型とp型の半導体を組み合わせ、ダイオードやトランジスタといった半導体デバイスをつくります。

● n型半導体のイメージ

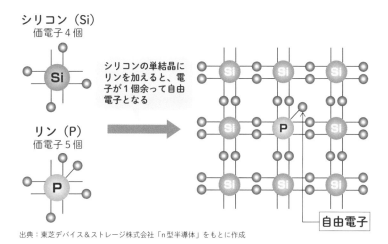

出典：東芝デバイス＆ストレージ株式会社「n型半導体」をもとに作成

● p型半導体のイメージ

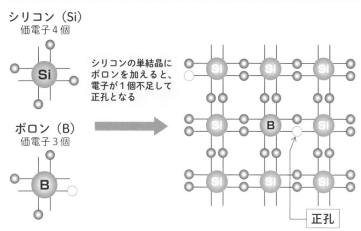

出典：東芝デバイス＆ストレージ株式会社「p型半導体」をもとに作成

まとめ	□ n型半導体とは通常より電子が多い半導体 □ p型半導体とは通常より電子が少ない半導体

一方向のみに電流が流れる
pn接合ダイオード

● p型半導体とn型半導体を接合するとデバイスができる

　これまでに、半導体にはp型とn型があることを説明しました。この2つの半導体を接合させると、最も基本的な半導体デバイスである「pn接合ダイオード」をつくることができます。どの半導体デバイスもpn接合を組み合わせてできています。そのため、**pn接合はすべての半導体デバイスの基本構造**といえます。

　p型半導体とn型半導体を接合させると、p型に多く存在する正孔と、n型に多く存在する電子が相互に拡散し、接合面付近で**正孔と電子が結合して消滅**します。そして、接合面付近では「空乏層」と呼ばれる正孔や電子が存在しない領域になります。すべての正孔と電子が消滅しないのは、ある程度の拡散が進むと、空乏層にできる電気的な障壁を乗り越えることができなくなるためです。

　このとき、p型にプラス、n型にマイナスの電圧を加えることを考えてみましょう。この方向に電圧を加えることを「順方向バイアス(VF)」と呼びます。この電圧より大きな電圧を加えると、空乏層の電気的な障壁が小さくなり、n型側の電子がプラス電極、p型の正孔はマイナス電極に向けて移動できます。その結果、p型からn型に向かって電流が流れます。

　次に、VFと逆向きの、p型にマイナス、n型にプラスの電圧を加えることを考えてみましょう。このとき、空乏層の電気的な障壁が大きくなるため、正孔や電子がその壁を乗り越えることができず、電流は流れません。つまり**pn接合ダイオードでは、一方向のみに電流を流すことができます**。これを「整流作用」と呼びます。

● pn接合により生成する空乏層

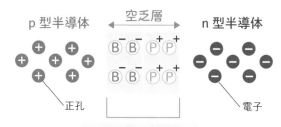

p 型半導体 　　空乏層　　 n 型半導体

正孔 　　　　　　　　　　　　　電子

**電子が相互に拡散し、
接合面付近で正孔と電子が
結合して、空乏層が生成**

● pn接合ダイオードのしくみ

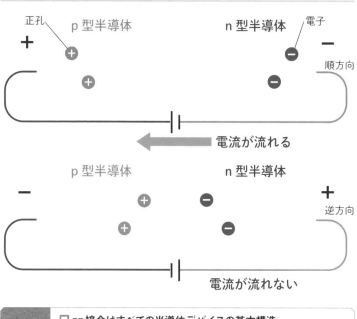

正孔　　p 型半導体　　　　n 型半導体　　電子

順方向

電流が流れる

p 型半導体　　　　n 型半導体

逆方向

電流が流れない

まとめ	☐ pn接合はすべての半導体デバイスの基本構造 ☐ pn接合ダイオードは一方向のみに電流を流せる

半導体デバイスの主役である
トランジスタの基本構造

◉トランジスタにはバイポーラ型とMOS型の2種類がある

　「トランジスタ」は、半導体デバイスの主役です。トランジスタの特徴は、**小さな信号を大きな信号に変換する増幅機能**と**電気のオン・オフを制御するスイッチ機能**をもつことです。増幅機能は主にアナログ回路、スイッチ機能は主にデジタル回路で使われています。このトランジスタと、ダイオードや抵抗、容量などを数多く搭載し、1つのチップに集積したものがIC（集積回路）です。トランジスタは、「バイポーラ型」と「MOS型」の2種類に分類されます。

　「バイポーラ型トランジスタ」の構造は、n型とp型を挟み込んだ「npn型」と「pnp型」があります。バイポーラ型は、ベース（B）、エミッタ（E）、コレクタ（C）の3端子で構成され、ベースに加える電圧の大きさで、エミッタとコレクタの間を流れる電流を制御します。

　「MOS型トランジスタ」の「MOS」とは、その構造がMetal（金属）、Oxide（酸化膜）、Semiconductor（半導体）の3層を成していることに由来します。MOS型は、ゲート（G）、ソース（S）、ドレイン（D）の3端子で構成され、ゲートに加える電圧の大きさで、ソースとドレインの間を流れる電流を制御します。構造上、MOS型は消費電力を小さくできます。さらにスイッチング速度が速く、トランジスタの面積を小さくできるため、ICのメインデバイスとして多岐にわたって使われています。

　パワー半導体としては、高い電圧に耐えるような構造をもったMOS型や、バイポーラ型とMOS型を合わせた「IGBT」と呼ばれるデバイスが使用されています。詳しくはPart3で説明します。

● バイポーラ型トランジスタの構造

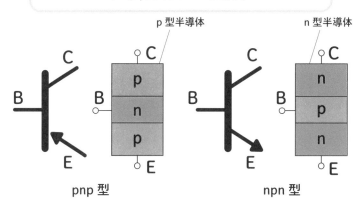

バイポーラ型トランジスタ
BJT（Bipolar Junction Transistor）

p型半導体

n型半導体

pnp型

npn型

● MOS型トランジスタの構造

MOS型トランジスタ
MOSFET（Metal-Oxide-Semiconductor Field Effect Transistor）

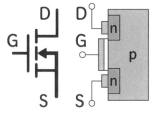

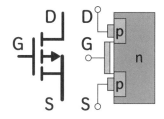

nチャネル型

pチャネル型

まとめ	□ トランジスタには増幅機能とスイッチ機能がある
	□ ICは主にMOS型トランジスタで構成されている

国も力を入れている半導体産業

　日本の半導体産業は、1980年代後半をピークに凋落し続けてきました。経済産業省が2021年に公表した「半導体戦略」と題した資料では、1990年代以降、徐々に地位が低下しており、このままでは「将来的に日本のシェアはほぼ0％に!?」という危機感が表れています。そのなかで、半導体はデジタル社会の基幹製品であるとともに、半導体の確保が経済安全保障と直結しているとしています。そのため日本政府は、国内の半導体製造基盤の確保と強化に向けた施策を3ステップで打ち出しています。

　1ステップめは、国内製造基盤の確保と強化として、2025年までを目途に、先端半導体の誘致と既存製造拠点の強靭化を進めます。TSMCの熊本工場誘致に対する助成金交付、キオクシアやマイクロンへの設備投資に対する助成金交付、さらにはマイコンやパワー半導体のサプライチェーン強化にも支援しています。

　2ステップめは、2020年代後半の実用化を目指した次世代半導体技術の開発です。「ビヨンド2nm」と呼ばれる最先端プロセスを日米連携で開発し、量産拠点を国内に設けるものです。これはラピダスの設立、北海道への工場建設として具体的に始動しています。

　3ステップめは、2030年代以降にゲームチェンジの可能性がある将来技術の開発です。これは、NTTが中心となって進めているIOWN（アイオン）構想です。従来の通信はフォトニクス（光）技術、情報処理はエレクトロニクス（電子）技術で行っていたものをすべてフォトニクス技術で行うようにするもので、低消費電力、大容量で低遅延な伝送を実現しようというものです。こうした光電融合技術、さらには次世代メモリ技術の開発などに支援がされます。

Part

2

電力を変換する4つの方式

パワー半導体の
電力変換のしくみ

電気の流れ方には
直流と交流の2種類がある

● 向きと大きさが一定の直流と、周期的に変化する交流

　電気の流れ方には2種類あります。それが「直流（DC：Direct Current）」と「交流（AC：Alternating Current）」です。

　直流とは、**電気の向きと大きさが常に一定で変化しない**方式です。身近なところで、乾電池やリチウムイオン電池、自動車のバッテリー、太陽電池などから得られる電気は直流です。直流には、**プラスとマイナスの「極性」**があります。たとえば乾電池では、プラス側には出っ張りがあり、マイナス側には出っ張りがなく、フラットな形状をしています。電化製品のリモコンのように乾電池を使う製品では、極性の向きを間違えると動作しません。場合によっては製品の破損、電池の漏液や破裂につながることがあるので、電池の入れる向きには十分に注意する必要があります。

　一方、交流とは、**電気の向きと大きさが周期的に変化する**方式です。最も身近なもので、家庭用のコンセントは交流の電気です。交流の電気は周期的にプラスとマイナスが変化するので、極性に注意する必要はありません。厳密にはコンセントにも正しい向きがありますが、反対向きに指し込んでも問題はありません。多くの方はコンセントに向きがあることをご存じないのが実情でしょう。

　交流の電気は、波のようにプラスとマイナスを行ったり来たりします。**1秒間に繰り返される波の数のことを「周波数」**といいます。周波数の単位は「Hz（ヘルツ）」です。これはドイツの物理学者で電磁波の存在を実証したハインリッヒ・ヘルツに由来します。日本国内では東日本では50ヘルツ、西日本では60ヘルツとなっています[※]。

※周波数が違う理由はコラム参照

◉ 直流の特徴

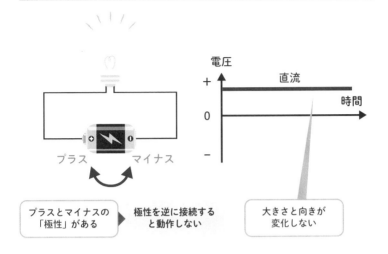

電圧

+ 直流

時間

0

−

プラス　マイナス

| プラスとマイナスの「極性」がある | ▶ 極性を逆に接続すると動作しない | 大きさと向きが変化しない |

◉ 交流の特徴

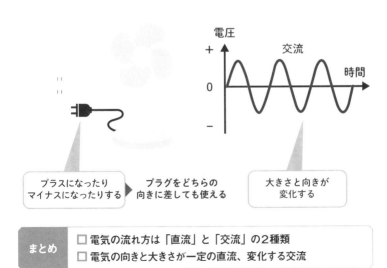

電圧

+ 交流

時間

0

−

| プラスになったりマイナスになったりする | ▶ プラグをどちらの向きに差しても使える | 大きさと向きが変化する |

| まとめ | ☐ 電気の流れ方は「直流」と「交流」の2種類
☐ 電気の向きと大きさが一定の直流、変化する交流 |

電力変換の方式は
直流と交流の組合せで4種類ある

　「電力変換」とは、電力の形態を変えるための電気回路のことです。

　「電力」とは、**単位時間当たりに消費される電気エネルギー**のことを指します。単位はW（ワット）で、これは蒸気機関の改良によって産業革命に貢献したスコットランド人のジェームズ・ワットに由来します。身近なところで、電力（W）は電化製品の本体裏や取扱説明書などに記載されています。たとえば、テレビは100W、エアコンは1000Wなどです。エアコンの消費電力がテレビより大きいことはイメージしやすいでしょう。エアコンを使いすぎると、その分だけ電気の使用量が大きくなり、電気代が高くなります。

　「電気回路」とは、**抵抗器やコイル、コンデンサといった「受動部品」**と呼ばれる素子、**トランジスタやダイオードといった「能動部品」**と呼ばれる素子を使って構成された回路のことです。

　電気には直流と交流の2種類があるため、電力変換には次の4種類が存在します。1つめは「**交流－直流変換（AC-DC）**」です。整流回路またはコンバータと呼ばれる回路です。2つめは「**直流－交流変換（DC-AC）**」です。インバータと呼ばれる回路です。3つめは「**直流－直流変換（DC-DC）**」です。これは直流の電圧を上げたり下げたりするもので、DC-DCコンバータと呼ばれる回路です。4つめは「**交流－交流変換（AC-AC）**」です。主に交流の周波数を変えるもので、周波数変換回路と呼ばれます。

　それぞれの回路については次節以降で詳しく説明していきます。

代表的な電力変換の方式

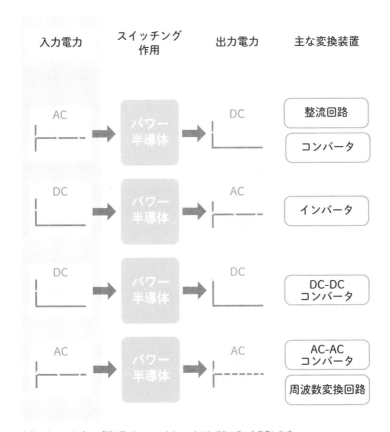

入力電力	スイッチング作用	出力電力	主な変換装置
AC	パワー半導体	DC	整流回路 / コンバータ
DC	パワー半導体	AC	インバータ
DC	パワー半導体	DC	DC-DC コンバータ
AC	パワー半導体	AC	AC-AC コンバータ / 周波数変換回路

出典：パワーアカデミー「第2回 パワーエレクトロニクスとボランチ」を参考に作成

まとめ	□ 電力とは、消費される電気エネルギーのこと □ 電気の直流・交流を相互に変換する4種類の回路がある

交流から直流への電力変換
（整流回路・コンバータ）

●ダイオードを組み合わせた回路で交流を直流に変換

交流を直流に変換する回路（AC-DC）が「整流回路」です。「コンバータ」とも呼ばれます。整流回路には、主にダイオードを使った「半波整流回路」と「全波整流回路」があります。

半波整流回路は、ダイオードを1つ使用し、交流の入力が正のときだけ出力されるようにした回路です。ダイオードは、**順方向バイアス（P.18参照）が加えられたときに電流を流します**が、逆方向バイアスが加えられたときは電流が流れません。半波整流回路は、この機能を利用して構成されています。しかし、このままでは直流にはほど遠いため、出力側に「キャパシタ（容量）」を接続します。**キャパシタは電気の蓄放電ができ、電流の波形を平滑化（滑らかに）する**ことができます。これで直流の波形に近づけることができます。

全波整流回路は、ダイオードを4つ使用し、交流の入力が正のときも負のときも出力が正になるようにした回路です。「ブリッジ回路」と呼ばれる構成により、図のように入力が正のときは、D2とD4を電流が流れて正の出力がされ、負のときはD3とD1に電流が流れて正の出力がされます。さらに、平滑化のためのキャパシタを出力側に接続することで、直流へと変換できます。基本的な原理は以上のとおりですが、実際は安定した直流になるよう、回路としてさまざまな工夫が施されています。

各家庭のコンセントには交流の電気が届いています。しかし、電化製品は直流の電気で動作します。そのため、電化製品の内部やスマートフォンの充電器などには、整流回路が組み込まれています。

● 半波整流回路のしくみ

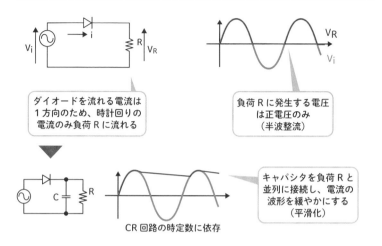

ダイオードを流れる電流は
1方向のため、時計回りの
電流のみ負荷Rに流れる

負荷Rに発生する電圧
は正電圧のみ
（半波整流）

CR回路の時定数に依存

キャパシタを負荷Rと
並列に接続し、電流の
波形を緩やかにする
（平滑化）

● 全波整流回路のしくみ

入力波形が正のときの流れ

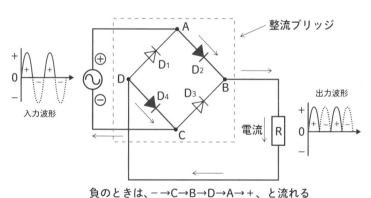

負のときは、−→C→B→D→A→＋、と流れる

まとめ	☐ 交流から直流への変換にはダイオードが必須 ☐ 全波整流回路で交流から直流への変換を行う

直流から交流への電力変換
（インバータ）

●トランジスタを使って直流から交流に変換

　直流を交流に変換する（DC-AC）回路が「**インバータ**」です。インバータ回路は、「トランジスタ」（パワーMOSFETまたはIGBT〈P.48参照〉）を使って構成された回路のことです。トランジスタはスイッチとして機能します。この**スイッチ機能を利用し、高速にオン・オフを行うことで交流波形をつくる**ことができます。

　インバータ回路の動作原理について、右図のように❶から❹の4つのスイッチを組み合わせた回路で考えてみます。左側に接続されているのが直流電源です。まず「負荷」と呼ばれる電気エネルギーを消費するモータなどに対して、スイッチ❶と❹をオンの状態にします。このとき、スイッチ❷と❸はオフの状態です。そうすると、電流はスイッチ❶を通って負荷に流れます。次に、スイッチ❷と❸をオンの状態、❶と❹をオフの状態にします。そうすると、電流はスイッチ❷を通って負荷に流れます。これを一定の周期に従って繰り返すことで、負荷に流れる電流が切り替わります。

　さらに、このオン・オフの間隔を変えることで、異なる幅をもった「パルス波」（短時間だけ流れる電流または電圧）をつくることができます。これらの**パルス波を合成することで、疑似的な交流波形をつくる**ことができるのです。これは「パルス幅変調（PWM：Pulse Width Modulation）」と呼ばれる技術で、パルス幅のパラメータを変えることで、さまざまな周波数をつくり出せるという制御性をもち、より細かな制御も可能です。さらに、オン・オフを高速に制御することで、無駄なエネルギー消費がなくなり、省エネにつながります。

⦿ インバータ回路のしくみ

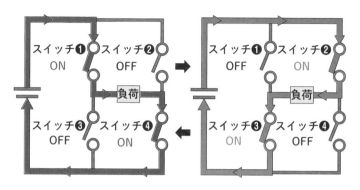

出典：松定プレシジョン株式会社「インバータとはどんな技術？仕組みと使用用途を解説」（2020/05/15）を
　　　もとに作成

⦿ パルス幅変調のイメージ

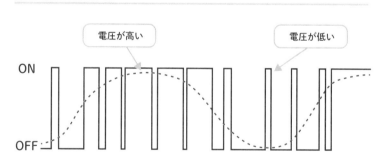

出典：富士電機株式会社「インバータの仕組み？」をもとに作成

まとめ	□ インバータには複数のトランジスタを使う
	□ PWMを制御をすることで省エネにつながる

直流から直流への電力変換

●トランジスタを使って直流の電圧の値を調整

　直流の電圧を目的の値まで上げたり下げたりする回路が「直流－直流変換回路（DC-DCコンバータ）」です。

　それでは、なぜ直流の電圧を上げたり下げたりする必要があるのでしょうか？　まず家庭用コンセントには、交流100Vの電気が届いています。パソコンや電化製品を使う場合は、**コンバータで交流100Vを直流に変換**します。このとき、主に直流12Vに変換されます。しかし、電化製品の内部に組み込まれている**半導体が要求する電圧の値には、さまざまな種類があります**。たとえば、5Vや3.3V、1.8Vなどといった値です。そのため、こうした要求に応じて電圧の値を上げたり下げたりする必要があるのです。

　DC-DCコンバータの原理は、電圧を上げる「昇圧型」、電圧を下げる「降圧型」、両方できる「昇降圧型」といった種類があります。ここでは、最も基本的な原理である「スイッチング式」の降圧型を見てみましょう。

　直流電源とトランジスタを接続し、インバータと同様、トランジスタを使ったスイッチング（P.30参照）を行います。直流電圧をスイッチングすることで、**一定の入力電圧が、周期をもったパルス状の電圧に分けられます**。これを平滑化（P.28参照）することで、降圧された電圧を得ることができるのです。オン・オフのスイッチング時間の割合である「デューティ比」と呼ばれる数値を調整すると、目的の電圧の値を得ることができます。

◉ コンセントから目的の電圧への変換の流れ

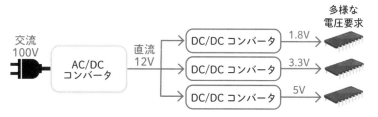

出典：ローム株式会社「DC/DCコンバータとは？ DC/DCコンバータはなぜ必要？」をもとに作成

◉ スイッチング方式のDC-DCコンバータのイメージ

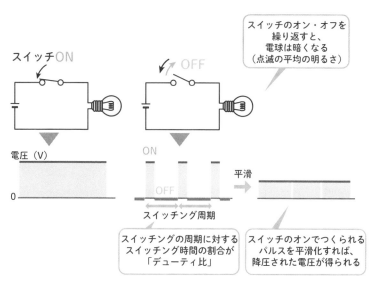

出典：TDK株式会社「パワーエレクトロニクス・ワールド 第3回 DC-DCコンバータの回路技術」を参考に作成

まとめ	☐ 製品によって電圧の値が異なり、変換が必要になる
	☐ 直流の電圧の値を降圧し、必要な電圧を得る

交流から交流への電力変換

● **間接変換方式と直接変換方式による交流の変換**

　交流の電圧、さらには周波数を目的の値に上げたり下げたりする回路が「交流－交流変換回路（AC-ACコンバータ）」です。AC-ACコンバータは、モータの回転速度を制御する場合などに用いられ、省エネのために必要な技術です。

　AC-ACコンバータには、「間接変換方式」と「直接変換方式」の大きく2種類があります。

　まず間接変換方式は、これまで見てきた**コンバータ（交流－直流変換回路）とインバータ（直流－交流変換回路）を組み合わせる**ことで、交流－交流変換を行う方式です。電力変換を2回行うので効率は落ちますが、さまざまな交流の電圧や周波数を実現できます。

　次に直接変換方式は、**異なる電圧や周波数にそのまま変換する**方式です。これは「サイクロコンバータ」や「マトリクスコンバータ」と呼ばれる回路の方式で実現します。こうした回路であれば、電力変換は1回だけで済み、間接変換方式と比較して効率がよくなります。一方、つくれる周波数に限界があることや安定性に課題があることで、用途が限られているのが実情です。

　サイクロコンバータやマトリクスコンバータの具体的な回路構成や動作原理はかなり複雑で、電気回路やパワーエレクトロニクスに関する専門的な知識が必要になるので、ここでは詳細は割愛します。こういったものがあると知っていただければ十分です。

◉ 間接変換方式の流れのイメージ

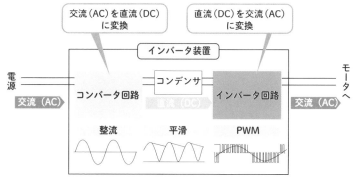

出典：富士電機株式会社「インバータの仕組み？」をもとに作成

◉ サイクロコンバータとマトリクスコンバータの回路の例

サイクロコンバータ

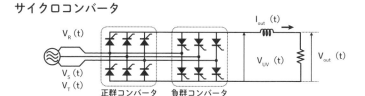

マトリクスコンバータ

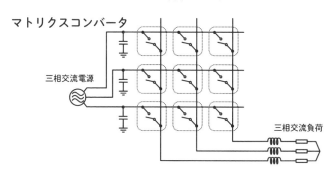

出典：EnergyChord「サイクロコンバータの動作」（上）、「マトリックスコンバータの基本構造」（下）をもとに作成

まとめ	☐ 間接変換方式では交流を直流にしてから交流に変換
	☐ 直接変換方式では交流からそのまま交流に変換

交流の周波数は東日本と西日本でなぜ違うの？

　交流電気の周波数は、世界の多くの国で50ヘルツか60ヘルツに統一されています。しかし日本では、新潟県の糸魚川と静岡県の富士川を境に、東日本で50ヘルツ、西日本で60ヘルツと、国内で周波数が混在する珍しいケースとなっています。なぜなのでしょうか？

　発端は、電気を使うようになった明治時代にさかのぼります。当時は電気をつくるための発電機を海外から輸入していました。東京市（当時）の東京電灯はドイツ製の発電機を輸入し、大阪市の大阪電灯は米国製の発電機を輸入したのです。

　ドイツでは50ヘルツの電気を使っていたため、50ヘルツの電気をつくる発電機が使われており、米国では60ヘルツの電気を使っていたため、60ヘルツの電気をつくる発電機が使われていました。その結果、東京を中心とする関東地方、さらには東日本には50ヘルツの電気が普及し、大阪を中心とする関西地方、さらに西日本には60ヘルツの電気が普及したのです。

　日本国内で異なる周波数の電気が普及すると、電化製品によっては周波数の違いにより使えなくなってしまうことがあります。そのため、周波数を統一する動きが何度もありましたが、すでにできあがった電力インフラを統一するには莫大なコストがかかります。そのような経緯もあり、現在でも周波数の統一がされていません。ただし、私たちが普段使う電化製品は、50ヘルツと60ヘルツの共用のものが多いため、日常生活で周波数の違いに困ることはほとんどありません。

Part

3

さまざまな分野で活躍する

パワー半導体の
種類と用途

電力の制御方法や材料などで分類されるパワー半導体

● 電力の制御方法で3種類、材料で2種類に大きく分類

　パワー半導体には、さまざまな種類のデバイスがあります。パワー半導体は電力を制御するデバイス（P.8参照）ですが、この**電力の制御方法によって分類**できます。1つめは、パワー半導体そのものにかかる電圧の向き（プラスまたはマイナス）によってオン・オフを行うデバイスです。代表的なものが「ダイオード」（P.28参照）です。2つめは、電流を制御信号として利用し、オン・オフを行うデバイスです。代表的なものに「バイポーラトランジスタ」（P.44参照）や「サイリスタ」「GTOサイリスタ」があります。3つめは、電圧を制御信号として利用し、オン・オフを行うデバイスです。代表的なものに「パワーMOSFET（モスフェット）」（P.46参照）や「IGBT」（P.48参照）があります。

　また、**使用する半導体材料によって分類**することもできます。一般的な半導体材料はSi（シリコン）です。半導体と呼ばれるものの多くは、Siを使ってつくられています。一方、「化合物半導体」と呼ばれる材料もあります。Siは単一元素の半導体材料ですが、化合物半導体はその名のとおり、複数元素を材料にしている半導体です。パワー半導体では「SiC（シリコンカーバイド）」や「GaN（窒化ガリウム）」が利用されています。SiCはSiとC（炭素）で、GaNはGa（ガリウム）とN（窒素）で構成される化合物半導体材料です。これらの材料を利用することで、Siより**低損失で高耐圧な半導体**をつくることができます（詳細はPart5参照）。

　そのほか、用途でも分類できます。電力や交通、通信といったものから、自動車向けや家電向けなど、幅広い用途があります。

◉ 電力の制御方法によるパワー半導体の分類

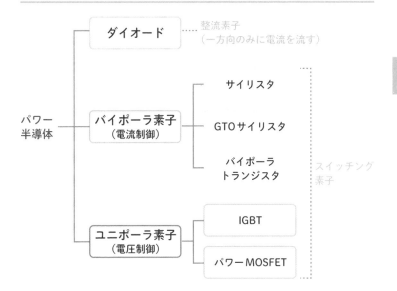

◉ 材料によるパワー半導体の分類

半導体

- 単一元素 —— Si、Ge

- 化合物
  - III - V：GaAs、InP、GaN
  - II - VI：ZnS、ZnSe
  - IV - IV：SiC、SiGe

周期律表から見た
化合物半導体の組合せ

II	III	IV	V	VI
	B	C	N	
	Al	Si	P	
Zn	Ga	Ge	As	Se
Cd	In	Sn	Sb	Te

まとめ	☐ 電力の制御方法によって3種類に分類される
	☐ 材料ではSiと化合物半導体に分類される

理想的なスイッチを
実現するための半導体

● 実際の半導体やスイッチではどうしても損失が発生

　理想的なスイッチとは、オフのときは電流がまったく流れない（つまり抵抗が無限大）状態で、オンのときは抵抗がゼロで電流が流れる状態のものです。それに加え、オフからオン、オンからオフへの切り替えに必要な時間がゼロであり、瞬時に切り替えられるスイッチです。さらに、オン・オフの切り替えを何度繰り返しても壊れることがなく、使い続けられることも必要です。このような**理想的なスイッチであれば、不必要な電流が流れないため、損失が発生しません。**

　たとえば、実際に接触する機械的なスイッチであれば、オフのときに抵抗が無限大で、オンのときも抵抗が限りなく小さくなりますが、高速にオン・オフを繰り返すことが難しく、機械的に接触を繰り返すため、何度も使うと損傷してしまいます。

　ここで登場するのが半導体です。半導体を使うと、機械的なスイッチと比べ、**オン・オフの切り換えが高速にできます。**また何度使っても、半導体そのものが壊れるような条件下でなければ、損傷することなく繰り返し使えます。

　しかし、オフからオンへ切り替えるときに必要な時間は、非常に短いとはいえ、ゼロにはなりません。加えて、スイッチがオフの状態でも、わずかですが電流が流れてしまいます（これを「もれ電流」といいます）。こうした、スイッチの切り替え時やオフ時に流れる電流が損失（無駄に使われるエネルギー）となってしまいます。そのため、パワー半導体ではこうした損失を小さくするために、デバイスの構造を工夫したり、新しい材料を使ったりしているのです。

● 理想的なスイッチングと実際のスイッチングのイメージ

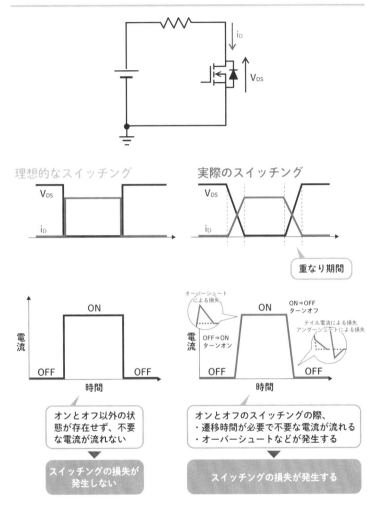

出典：Electrical Information「MOSFETのスイッチング損失とは？『計算方法』や『式』について」、ローム株式会社「SiCダイオード内蔵IGBT（Hybrid IGBT）『RGWxx65Cシリーズ』を開発」をもとに作成

まとめ	□ 理想的なスイッチであれば損失は発生しない
	□ 実際の半導体では損失をいかに小さくするかが重要

高い電圧に耐えるための
パワー半導体の構造

● **電流を縦方向に流し、ドリフト層で耐圧を確保**

　半導体とは一般的に、「IC（集積回路）」のことを指します。ICは、大量の情報を高速に処理したり画像や動画などを記憶したりします。これは「ロジック半導体」や「半導体メモリ」と呼ばれるものです。

　パワー半導体は、繰り返しになりますが、電力を制御するための半導体であり、**大きな電圧を加えても壊れない構造が必要**です。そのため、トランジスタ（P.30参照）によってオン・オフを行うことは同じでも、その機能を実現させるための構造は大きく異なります。ここではその構造の違いとして、MOSFETを例に見てみましょう。

　MOSFETは「ゲート（G）」に電圧加えると、電子の通り道である「チャネル」がゲート酸化膜直下に形成され、電子がチャネルを通って「ソース（S）」から「ドレイン（D）」に流れます。この現象は半導体の極表面近傍で生じており、**電流は横方向に流れています**。ロジック半導体などでは、このゲートの幅を狭くして微細化し（現代では「FinFET」や「GAA」という3次元構造に進化）、1つのICに集積できるトランジスタ数を増やして高性能化されてきました。

　一方、パワー半導体は、ゲートに電圧を加えてソースとドレインの間を流れる電流を制御する点は同じですが、**電流が流れる経路が縦方向**になります。縦方向に「ドリフト層」と呼ばれる層を設けることで、**高い電圧を加えてもデバイスが壊れない耐圧を確保**しています。耐える必要がある電圧の大きさにより、ドリフト層の濃度や厚みを設計するため、パワー半導体の製造工程はICと異なる部分があります（詳細はPart4参照）。

● ICとパワー半導体の構造の違い

ICを構成するMOSFET

電子がチャネルを通ってソース
(S) からドレイン (D) に横方向
に流れる (電流の向きは逆)

パワー半導体のMOSFET

電子がチャネルを通ってソース(S)
から裏面側のドレイン (D) に縦
方向に流れる (電流の向きは逆)

ゲート — チャネル

ソース   ドレイン 金属配線

n+   n+

n   n

電流

p

substrate

ゲート — チャネル

ソース   ソース

n+   n+

p   p

n

電流

n+

ドレイン

出典：日本アイアール株式会社「【パワー半導体の基礎】パワーMOSFETの空乏層の性質」をもとに作成

| まとめ | ☐ ICのトランジスタはオンのとき横方向に電流が流れる |
| | ☐ パワー半導体は高電圧に耐えるため縦方向に電流が流れる |

ダイオードと
バイポーラトランジスタ

● パワー半導体に特有の構造で高い電圧に耐える

ダイオードの基本である「pn接合ダイオード」（P.18参照）は、p
型半導体側の電極（アノード）にプラスの電圧を、n型半導体側の電
極（カソード）にマイナスの電圧を加えたときに電流が流れ、その反
対のときに流れないという、**一方向に電流を流す整流作用をもった
デバイス**です。パワー半導体としてのダイオード（「パワーダイオー
ド」または「電力用ダイオード」ともいう）も、基本的な構造は同様
です。異なる点は、高い電圧をかけても壊れないようにするため、
**pn接合の間に「i層」と呼ばれる半導体層を挟み込んだ「pinダイ
オード」という構造**になっていることです。このi層は、不純物を加
えていない半導体のことで「真性半導体」と呼ばれ、「真性」を意味
する「intrinsic」の頭文字が付けられています。ただし実際には、真
性半導体では抵抗値が高すぎるため、n層より相対的に濃度が低い
「n⁻層」と呼ばれる層になっています。n⁻層を使っていますが、一般
的にはpinダイオードといいます。

バイポーラトランジスタの基本はP.20で解説しましたが、n型半導
体とp型半導体をお互いに挟み込んだ「npn型」と「pnp型」があり、
ベース（B）とエミッタ（E）、コレクタ（C）の3端子で構成されて
います。ベースの電流で、エミッタとコレクタの間を流れる電流を制
御するデバイスです。パワー半導体としてのバイポーラトランジス
タ（「パワーバイポーラトランジスタ」ともいう）も基本的な構造は
同様です。ダイオードと同様に高電圧に耐えられるよう、**電流を縦方
向に流し、n⁻層が設けられています**。

◉ pinダイオードの構造のイメージ

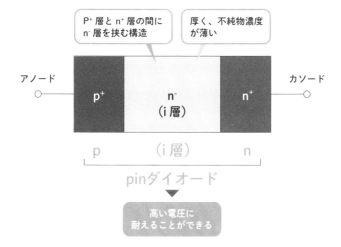

P⁺層とn⁺層の間に
n⁻層を挟む構造

厚く、不純物濃度
が薄い

出典：山本秀和『パワーデバイス』（コロナ社）P.69図を参考に作成

◉ バイポーラトランジスタ（電流制御）の構造のイメージ

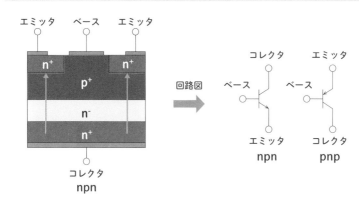

出典：山本秀和『パワーデバイス』（コロナ社）P.75図を参考に作成

まとめ	□ パワー半導体用のダイオードは pin ダイオードという構造 □ バイポーラトランジスタも同様に高い電圧に耐える構造

Part
3
パワー半導体の種類と用途

パワーMOSFETの構造

● 高い電圧に耐えられるように設計されたMOSFET

「パワーMOSFET」とは、**高い電圧に耐えられるように設計されたMOSFET**のことです。MOSFETは「Metal-Oxide-Semiconductor Field Effect Transistor」の略称で、構造がMetal（金属）、Oxide（酸化膜）、Semiconductor（半導体）の3層で構成されていることに由来します。ゲート（G）、ソース（S）、ドレイン（D）の3端子があり、ゲートに電圧を加えると、電子の通り道であるチャネルが形成され、ソースとドレインの間を電流が流れます。つまり、**ゲートの電圧によってスイッチのオン・オフをする電圧制御型のデバイス**です。

パワーMOSFETも、高い電圧に耐えるため、その多くが縦型の構造をしています。さらにデバイスの構造としては、スイッチをオンにしたときの抵抗値（**オン抵抗**）を小さくするため、さまざまな工夫が施されています。そのひとつが「**ゲート構造のトレンチ化**」です。トレンチとは溝のことで、トレンチ構造のパワーMOSFETでは**ウエハ表面に溝を掘り、ゲート酸化膜と電極を埋め込んでいます**。これにより、ひとつのデバイス（セル）の小型化が可能になり、多数のセルを配置できて、オン抵抗を小さくすることができます。

ほかには、「**スーパージャンクション構造**」と呼ばれる構造をもつパワーMOSFETがあります。これは、ドリフト層にn層とp層が周期的に並んだ構造で、これによってオン抵抗の低減が可能になります。トレンチ構造やスーパージャンクション構造は、製造工程が複雑化するというデメリットがあり、用途によって使い分けられています。

● パワーMOSFET（電圧制御）の構造のイメージ

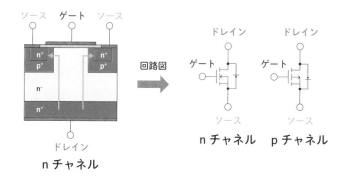

出典：山本秀和『パワーデバイス』（コロナ社）P.75図を参考に作成

● トレンチ構造とスーパージャンクション構造のイメージ

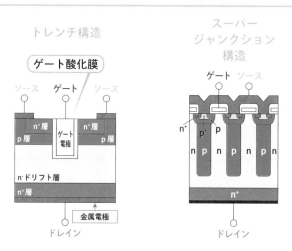

出典：Electrical Information「【MOSFET】『プレーナ構造』と『トレンチ構造』の違いと特徴について！」、一般社団法人半導体産業人協会・日本半導体歴史館「1997年 スーパージャンクション MOSFET 発明（富士電機）」をもとに作成

まとめ	☐ パワーMOSFETは高い電圧に耐えられるMOSFET ☐ トレンチ化やスーパージャンクション化で低オン抵抗に

IGBTの構造

● MOS型とバイポーラ型の特徴を合わせたパワー半導体

「IGBT」は「Insulated Gate Bipolar Transistor」の略称で、日本語では「絶縁ゲートバイポーラトランジスタ」といいます。MOSトランジスタの端子名である「ゲート」と、「バイポーラトランジスタ」という単語が入っていることからわかるように、**MOS型とバイポーラ型の両方のトランジスタの特徴を取り入れたパワー半導体**です。具体的にはスイッチのオン・オフをする**入力部分がMOS構造**になっており、**出力部分がバイポーラ構造**になっています。そのため、端子はゲートとエミッタ、コレクタの3つです。スイッチのオン・オフは電圧で行う電圧制御型のデバイスで、バイポーラトランジスタより動作が速く、バイポーラトランジスタ並みに小さいオン抵抗にすることが可能です。加えて、1000V以上の高い電圧に耐える高耐圧化が可能であり、パワー半導体のメインデバイスとなっています。

IGBTの基本的な構造は、パワーMOSFETの裏面側にp層が追加された構造です。IGBTもパワーMOSFETと同様、オン抵抗の低減のためにトレンチ構造のゲートが主流となっています。オン抵抗をさらに小さくするためにウエハを薄化し、**薄いウエハでも高い電圧に耐えられる「FS（Field Stop）構造」**が開発されています。

IGBTでは、ダイオードを1チップに集積化したものも開発されています。「RC-IGBT（Reverse Conducting IGBT：逆導通IGBT）」は、IGBTとダイオードを並列にして1チップ化したものです。インバータなどでは、IGBTとダイオードをセットで使うため、1チップ化することでチップ面積やコストを削減できます。

◉ IGBT（電圧制御）の構造のイメージ

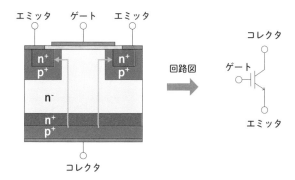

出典：山本秀和『パワーデバイス』（コロナ社）P.75図を参考に作成

◉ RC-IGBTの構造とダイオードを接続した例

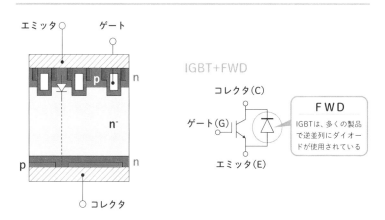

出典：東芝デバイス＆ストレージ株式会社「逆導通IGBT（RC-IGBT）とは何ですか？」をもとに作成

まとめ	□ IGBTはパワー半導体の主流のデバイス
	□ オン抵抗の低減やダイオードとの集積化が図られている

電気を使えるようにする
電力インフラのパワー半導体

● 発電した電気を電力変換により使えるようにする

　パワー半導体の用途としてまず挙げられるのが、「電力インフラ」
です。電力インフラとは、電気をつくる発電所から送電線を通り、変
電所や配電線を経由して、工場や家庭に至るまでの電力供給に必要
な設備の総称です。発電方式は、水力発電や原子力発電、特に日本
では火力発電の割合が高いですが、太陽光や風力などの再生可能エ
ネルギー（再エネ）を使った発電も普及しています。

　太陽光発電で発電できる電気は直流です。太陽光発電では、太陽
から得られる光エネルギーは日射量によって左右され、発電量は安
定しません。晴れの日と雨の日では発電量が大きく異なります。その
ため発電した電気は、**昇圧用の回路で一定の電圧に安定化**されます。
その後、インバータ回路で交流に変換され、家庭内で使用されたり、
余った電気は電力会社に売却されたりします。住宅用の太陽光発電
システムでは、**パワーコンディショナー（パワコン）と呼ばれる装置
内で電力変換**が行われています。

　ほかにも、Part2のコラム（P.36参照）で紹介したように、日本で
は東日本と西日本で使う電気の周波数が異なります。しかし、東日本
と西日本の間で電気のやり取りをする場合もあるため、**国内には3
か所の周波数変換所**があります。こうした設備があることで、たとえ
ば西日本の太陽光で発電した電気を東日本で使うことが可能になり
ます。実際に2011年の東日本大震災では、発電所などが大きな被害
を受けたため、関東地方や東北地方は電力不足に陥りました。こうし
た災害時にも電気のやり取りが行われています。

● 発電した電気の電力変換を行うパワー半導体

太陽光のエネルギーを電気に変換

太陽光パネル

余った電気を電力会社に売ったり足りないときに買ったりした電気のメーター

電力量計

分電盤

接続箱

パワコン

蓄電池

太陽電池で発電した直流電力を家庭用の交流電力に変換

出典：一般社団法人 太陽光発電協会（JPEA）「住宅用太陽光発電システムとは」を参考に作成

● 日本に3か所ある周波数変換所

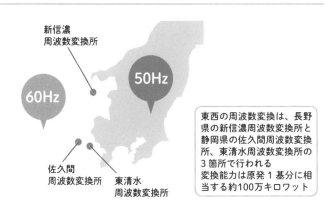

新信濃
周波数変換所

60Hz

50Hz

佐久間
周波数変換所

東清水
周波数変換所

東西の周波数変換は、長野県の新信濃周波数変換所と静岡県の佐久間周波数変換所、東清水周波数変換所の3箇所で行われる
変換能力は原発1基分に相当する約100万キロワット

まとめ	☐ 発電した電気を家庭で使えるようにするパワー半導体
	☐ 東日本と西日本との間で周波数を変換して電気を融通

電車や通信設備の作動に活躍するパワー半導体

◉ 電車のモータの駆動やデータセンターの稼働にも活躍

　電車や新幹線の走行にもパワー半導体が活躍しています。電車は、屋根に取り付けられているパンタグラフが、その上部の電線（架線）に接触して電気を得て、車両床下に設置されているモータを動かして走行します。架線の電気は、JR在来線や多くの私鉄で直流1500Vです。**電車を動かすモータは「誘導モータ」**と呼ばれるもので、交流の電気で動きます。そのため、**インバータ回路によって電力変換**し、モータを制御します。電車の走行時は、速度を上げたり下げたりする必要があるため、モータの回転数を自由に制御できなければなりません。これを行うインバータは「VVVF（Variable Voltage Variable Frequency：可変電圧可変周波数）インバータ」と呼ばれます。電車にはモータを動かすVVVFインバータのほか、車両内の照明や空調などに利用するための「補助電源用インバータ（SIV：Static InVerter）」や、電動ドアの制御などにパワー半導体が使われています。

　データセンターや中継基地局などの通信インフラにもパワー半導体は欠かせません。たとえばデータセンターでは、サービスを持続的に提供するため、**停電などのトラブルのない高品質性と高信頼性**が求められます。そのための電源システムとして、停電や電源トラブルのための「UPS（Uninterruptible Power Systems：無停電電源装置）」や、非常用発電設備を備えています。さらに冗長性をもたせるため、複数の電源から受電を行うこともあります。また、安定稼働のための空調設備も設けられており、こうした電源システムにもパワー半導体が使われています。

● 電車に使われるパワー半導体

出典：富士電機株式会社「用途別情報 鉄道〜鉄道車両向けパワーエレクトロニクス機器」を参考に作成

● データセンターへの電力供給の例

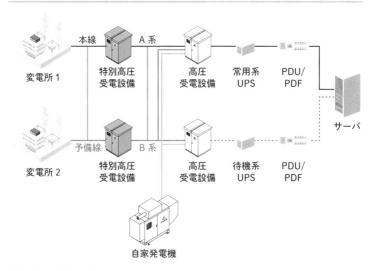

出典：セコムトラストシステムズ

まとめ	☐ 電車はパワー半導体の電力変換によって動いている
	☐ 通信の安定化の裏でもパワー半導体が活躍している

EVに欠かせないバッテリーの
電力変換を行うパワー半導体

● 電気の昇圧や降圧、電力変換を行ってモータを駆動

　近年、気候変動対策やエネルギー効率向上を目的として、自動車の電動化が急速に進んでいます。電気自動車（EV：Electric Vehicle）とパワー半導体についてはPart8で取り上げるので、ここでは日本で普及したハイブリッド車（HEV：Hybrid Electric Vehicle）について解説します。そもそも「ハイブリッド」とは、複数の方式の組合せを意味しており、自動車では**ガソリンで動くエンジンと電気で動くモータの2つの動力源をもつ**ことを指します。

　ハイブリッド車にも複数の方式があります。まずパラレル方式は、エンジンとモータがそれぞれトランスミッションを介して駆動軸につながっていて、エンジンまたはモータだけで走行できます。またシリーズ方式は、エンジンで発電機を回して発電し、モータの駆動によって走行します。そしてシリーズ・パラレル方式は、動力分割機構によって走行状態でエンジンとモータの使用を適切に分割します。これにより、発進時や低速時にはモータのみで走行し、高速時にはエンジンも稼働させて走行でき、エネルギー効率を高めることができます。そのため、通常のエンジン車に比べ、ハイブリッド車は低燃費になるのです。

　バッテリーの電気は直流です。そのため、昇圧回路で電圧を上げ、インバータで交流に変換して、駆動用モータを動かします。パワーステアリングやパワーウィンドウなどへは、バッテリーの電気の電圧を降圧回路で下げて供給しています。こうした昇降圧回路やインバータにパワー半導体が使われています。

● HEVの駆動方式の種類

●パラレル方式

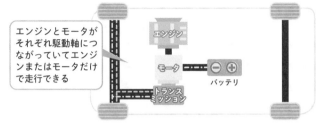

エンジンとモータが
それぞれ駆動軸につ
ながっていてエンジ
ンまたはモータだけ
で走行できる

・－・－・ モータからの動力及び電力の流れ　・－－－－ エンジンからの動力

●シリーズ方式

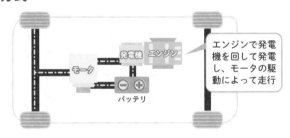

エンジンで発電
機を回して発電
し、モータの駆
動によって走行

●シリーズパラレル方式

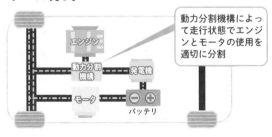

動力分割機構によっ
て走行状態でエンジ
ンとモータの使用を
適切に分割

出典：TDK株式会社「テクの雑学 第120回 絶好調！ ハイブリッド自動車のテクノロジー（前編）」をもとに作成

まとめ	☐ ハイブリッド車は動力源を2つもつ自動車 ☐ モータを動かすためにパワー半導体が使われる

電化製品に使われる省エネや
動作制御のためのパワー半導体

●状況によりモータを制御して電化製品の機能を向上

　エアコンや冷蔵庫、洗濯機、掃除機、電子レンジなど、日常生活で使う電化製品にもパワー半導体は必要不可欠です。

　たとえばエアコンは、一般的な電化製品のなかで最も電気の消費量が大きい製品です。そのため、**インバータが搭載され、モータの回転数を制御することで省エネ化**が図られています。インバータが未搭載のエアコンは、オン・オフでしかモータ制御ができません。つまり、モータはフルパワーで回転するか、まったく回転しないかだけとなります。エアコンにインバータを搭載すると、モータの回転数を自由に制御でき、たとえば設定温度になるまではモータを高速で回転させ、設定温度に近づいてきたら低速に切り替えるといったことができるようになります。これにより消費電力が抑えられます。

　この基本的な原理は、冷蔵庫も同様です。冷蔵庫は、ほかの電化製品と異なり、常に稼働しています。そのため、インバータで冷蔵庫・冷凍庫それぞれの温度に応じたモータの回転数を制御することで、省エネ化や扉の開閉時の温度変動抑制、夜間の運転音の低下などが実現しています。

　そのほか掃除機では、サイクロン式と呼ばれる製品で、インバータがモータを制御し、高速で回転させて吸引力を向上させています。コードレス式の掃除機では、充電器に整流回路が入っており、掃除機本体にインバータが搭載されています。電子レンジには、食品の水分がマイクロ波のエネルギーを吸収すると発熱する原理が利用され、**マイクロ波を発生させる高周波インバータ回路**が搭載されています。

● インバータ搭載の効果

●インバータのないエアコン

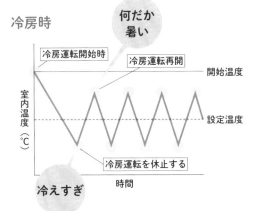

●インバータ搭載のエアコン

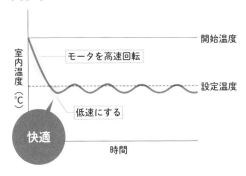

出典：ダイキン工業株式会社「インバータとは？」をもとに作成

まとめ	□ インバータでモータを制御することで省エネ化 □ 多くの電化製品にパワー半導体が欠かせない

パワー半導体の進化の歴史

半導体の歴史においてエポックメイキングとなったのは、1947年に米国ベル研究所のバーディーンとブラッテン、その後のショックレーにより、トランジスタが発明されたことです。この3氏は1956年にノーベル物理学賞を受賞しました。

パワー半導体が実用化されたのは1960年代です。サイリスタによって大電力の制御が可能になりました。サイリスタとは、p型半導体とn型半導体を交互に「pnpn」と4層に接合したデバイスです。「SCR（Silicon Controlled Rectifier：シリコン制御整流器）」とも呼ばれます。その後、サイリスタが改良された「GTO（Gate Turn-Off）サイリスタ」が開発されます。現在、利用されているサイリスタはGTOサイリスタです。そして、1970年代にはパワーMOSFETが開発され、サイリスタより高速の動作が可能なデバイスとして実用化されました。さらに、1980年代にはIGBTが開発され、MOS型とバイポーラ型の両方の特徴を兼ね備えたデバイスとして実用化が進みました。

その後は、複数のパワー半導体を1つのパッケージに組み込んだパワーモジュールや、パワー半導体とそれを駆動させる回路、回路がショート（短絡）した場合にデバイスを保護する回路などを統合した「IPM（Intelligent Power Module）」が開発されています。

近年ではパワー半導体の材料について、Siから、より高性能なパワー半導体をつくれるSiCやGaNの実用化が進み（詳細はPart5参照）、さらに次世代の材料として酸化ガリウムやダイヤモンドなどの研究開発も進められています（詳細はPart8参照）。

Part

4

ウエハ製造、前工程、後工程からなる

パワー半導体の
つくり方

半導体をつくるための
3つの工程

　半導体製造の全体像をイメージしやすくするため、まずは完成した製品から逆に追って見ていきましょう。たとえば、私たちが普段使っているパソコンやスマートフォンの内部を開けてみると、黒色や緑色をした電子基板の上に、抵抗やキャパシタなどの電子部品とともに多くの半導体（主にIC）が搭載されています。これらの半導体は、外部からの汚染や衝撃から保護するための**黒いパッケージに覆われており**、このパッケージ内に半導体のチップが入っています。半導体のチップは主に、シリコンウエハ上につくります。シリコンウエハ上には、同じチップが数百から数千もつくり込まれます。半導体のチップがつくり込まれる**シリコンウエハが大元の材料**ということです。

　半導体の材料まで戻ることができたので、半導体ができるまでの工程を大きく3つに分解してみましょう。最初は❶シリコンウエハをつくる工程です。シリコンウエハの原材料は珪石という石です。身近なところでは河原に転がっている白い石が珪石です。意外と身近にあるのですが、シリコンウエハに使うものは純度の高い海外製の珪石です。つまり、珪石から超高純度のシリコンウエハをつくる工程といえます。次が❷シリコンウエハ上にチップをつくり込む工程です。これを**前工程**と呼びます。半導体製造のメインとなる工程で、クリーンルームと呼ばれる特別な工場内で行われます。最後が❸シリコンウエハ上につくり込んだチップを1つずつに切り出し、パッケージ化する工程です。**後工程**と呼びます。パッケージ化されたICが電子基板上に接続され、スマートフォンなどの製品に組み込まれます。

半導体製造の流れ

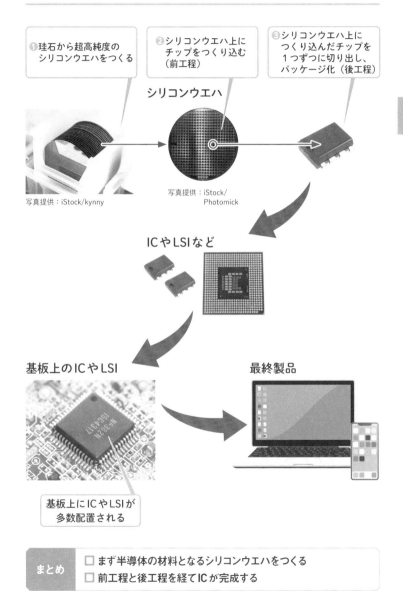

❶珪石から超高純度の
シリコンウエハをつくる

❷シリコンウエハ上に
チップをつくり込む
（前工程）

❸シリコンウエハ上に
つくり込んだチップを
1つずつに切り出し、
パッケージ化（後工程）

シリコンウエハ

写真提供：iStock/kynny

写真提供：iStock/
Photomick

ICやLSIなど

基板上のICやLSI

最終製品

基板上にICやLSIが
多数配置される

まとめ	□ まず半導体の材料となるシリコンウエハをつくる □ 前工程と後工程を経てICが完成する

パワー半導体用の
シリコンウエハの製造工程

● 珪石を純化・加工してシリコンウエハをつくる

　半導体をつくるための第一歩がシリコンウエハの製造です。シリコンウエハの製造工程は大きく5つに分けられます。まず、❶原材料となる珪石を採取します。そして、❷珪石を還元反応でシリコンと酸素に分離し、**金属シリコン**を生成します。次に、❸金属シリコンから「シーメンス法」と呼ばれる手法で**多結晶シリコン**を生成します。そして、❹多結晶シリコンから「CZ法（チョクラルスキー法）」と呼ばれる手法で**単結晶シリコンインゴット**を生成します。最後に、❺単結晶シリコンインゴットをスライスし、研削や研磨などの加工を行ってシリコンウエハが完成します。単結晶シリコンとは、結晶の向きが揃った、原子が規則正しく並んだ結晶のことです。

　シリコンウエハの大きさは「インチ」または「mm」で呼ばれます。ロジック半導体や半導体メモリなどの先端プロセス製品では12インチ（300mm）が主流ですが、パワー半導体では8インチ（200mm）や6インチ（150mm）が使われています。一部で12インチ（300mm）への**大口径化**が進みつつあります。ウエハ口径を大きくすることで、1枚あたりから取れるチップ数が増え、コストが下がります。一方で製造装置などもすべて対応させる必要があり、半導体工場を建設する際の初期投資が大きくなります。

　パワー半導体では、「FZ（Floating Zone）法」と呼ばれる手法で製造されたシリコンウエハも使われています。FZ法では製造原理上、融液を収容するルツボが必要ないため、CZ法と比較して非常に高純度のウエハをつくることができます。

● シリコンウエハの製造工程

①珪石

▼ 還元反応で分解

②金属シリコン

▼ シーメンス法など

写真提供：iStock/kynny

③多結晶シリコン

▼ CZ法など

④単結晶シリコン

▼ スライスし、研削や研磨などの加工 ┈┈▶

⑤シリコンウエハ

ウエハの加工工程

・単結晶インゴット
・外周研削加工
・スライス
・ベベル加工（外周面取り）
・ラップ加工（両面機械研磨）
・エッチング（両面化学研磨）
・ポリッシング（表面鏡面研磨）
・洗浄
・検査
・梱包

● CZ法 (単結晶インゴット製造) のイメージ

構造図

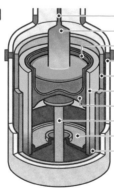

- 種結晶
- シリコン単結晶
- 石英ルツボ
- 水冷チャンバー
- 保温筒
- ヒーター
- グラファイト　ルツボ
- ルツボ　サポート
- スピルトレー
- 電極

出典：株式会社SUMCO「①単結晶引上工程」をもとに作成

まとめ	□ シリコンウエハは**CZ法**でつくられる □ パワー半導体のシリコンウエハは**FZ法**でもつくられる

デバイス形成、配線形成、検査の3つに分かれる前工程

●デバイスを形成し、配線をして、動作のチェックを行う

　前工程とは、シリコンウエハ上に半導体チップをつくり込む工程です。前工程は大きく3つの工程に分けられます。

　まず、❶デバイス形成工程です。シリコンウエハを洗う洗浄工程や、酸化膜や金属膜などの薄い膜を付ける成膜工程、回路パターンの形成を行うフォトリソグラフィ工程、不必要な薄膜を削るエッチング工程、不純物を打ち込み電気特性を変えるイオン注入工程など、**要素技術を組み合わせてデバイスを形成**します。

　次の❷配線工程も同様に、それぞれの要素技術を組み合わせて**金属配線と最表面の保護膜を形成**します。そして最後に、❸**各チップの電気特性を測定**し、正しく動作するかをチェックします。さらに、外観上の検査も行われます。

　前工程は、製品によりますが、各要素技術の組合せがおよそ数百工程で構成されており、シリコンウエハをこの工程に投入してから完成するまでに数か月かかります。パワー半導体は、ロジック半導体などのICと比べると工程数は少ないのですが、それでも1～2か月程度はかかります。

　パワー半導体は、Part3で見てきたように、ICに使われるMOSトランジスタと構造が大きく異なります。そのため、製造工程も細かな点で違いがあります。しかし、パワー半導体の専用工場でなければ、ほかの製品と**できるだけ互換性のある工程**にすることが、生産効率やコストの点で有利となります。そのため多くの半導体製造装置で共用や転用が可能です。

● 半導体製造の前工程の流れ

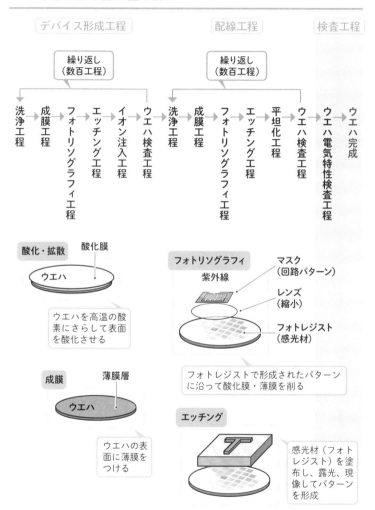

［デバイス形成工程］　　　　　　［配線工程］　　　［検査工程］

繰り返し（数百工程）

洗浄工程 → 成膜工程 → フォトリソグラフィ工程 → エッチング工程 → イオン注入工程 → ウエハ検査工程

繰り返し（数百工程）

洗浄工程 → 成膜工程 → フォトリソグラフィ工程 → エッチング工程 → 平坦化工程 → ウエハ検査工程 → ウエハ電気特性検査工程 → ウエハ完成

酸化・拡散　　酸化膜

ウエハ

ウエハを高温の酸素にさらして表面を酸化させる

成膜　　薄膜層

ウエハ

ウエハの表面に薄膜をつける

フォトリソグラフィ

マスク（回路パターン）
紫外線
レンズ（縮小）
フォトレジスト（感光材）

フォトレジストで形成されたパターンに沿って酸化膜・薄膜を削る

エッチング

感光材（フォトレジスト）を塗布し、露光、現像してパターンを形成

出典：加賀東芝エレクトロニクス株式会社「製品紹介 半導体の製造プロセス」をもとに作成

まとめ	□ 洗浄や成膜などの各要素技術を組み合わせてつくられる □ 半導体の完成までに数か月かかり、すぐにはつくれない

IGBTの製造における前工程

●p型とn型の層を形成し、電極を埋め込んでいく

　ここでは代表的なパワー半導体であるIGBTの製造工程を例に、具体的に見ていきましょう。

　まずはp型のシリコンウエハを用意します。ウエハ上にはn型半導体の層が「**エピタキシャル成長**」されているエピタキシャル・ウエハを用います。エピタキシャル成長とは、基板となる結晶の上に、基板と異なる結晶層の薄膜を成長させて成膜することです。エピタキシャルは、ギリシア語の「～の上に」という意味の接頭語である「epi」と、「ある方向に配列させる」という意味の「taxis」の合成語です。

　まず、イオン注入で「pウェル」と呼ばれるp型半導体の層を形成し、その後、エミッタとなるn型半導体の層を形成します。次に、シリコンにドライエッチングで溝を掘り、**トレンチを形成**します。この溝にゲート酸化膜を形成し、ゲートの電極となるポリシリコンを埋め込みます。そして、デバイスと配線の間を分離する**層間絶縁膜を成膜**し、電極となる金属配線層を形成します。

　最後に、ウエハの裏面側を研削して薄化します。製品によりますが、オン抵抗を減らすため、**通常300～100um程度の厚さ**にしています。そして、裏面側の電極を形成して完成です。

　ここまでの工程を見ると簡易に思えるかもしれませんが、実際にはもっと複雑なフローになります。um（マイクロメートル）レベルの精密な加工や、処理条件として温度や時間などの細かい規定による製造が求められます。そのため、成膜した膜の厚さやトレンチの幅や深さなど、加工の途中でも計測などを行っています。

◉ IGBTの製造工程のイメージ

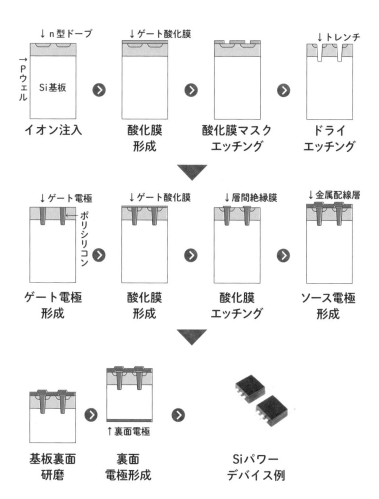

写真提供：Shutterstock/Vladislav12
出典：山本秀和『パワーデバイス』（コロナ社）P.133図を参考に作成

まとめ	☐ エピタキシャル・ウエハを使い、まず表面から加工する
	☐ 裏面側からウエハを削って薄くし、完成させる

パワー半導体とロジック半導体の製造工程（前工程）の違い

◉ロジック半導体の高集積化と、パワー半導体の高耐圧化

　パワー半導体とロジック半導体との製造工程の違いを見てみましょう。ロジック半導体の最大の課題は、トランジスタを**微細化して高集積化・高機能化**を図ることです。そのため、トランジスタの製造工程では、nm（ナノメートル）レベルへの微細化が進んでいます。またトランジスタも、「プレーナ型」と呼ばれる構造から、FinFETやGAA（P.42参照）などの3次元的な構造へと進化しています。こうした取り組みにより、現代の最先端品では1辺が数十mm角のチップに、**トランジスタが数百億個も集積**されています。

　一方、パワー半導体の最大の課題は、**高耐圧化と損失低減を両立**することです。そのためパワー半導体では、すでに見てきたように、電流を縦方向に流す構造をとっています。こうした縦型のデバイス構造をつくるためには、製品によって裏面側からの加工も必要です。たとえばRC-IGBT（P.48参照）をつくるには、裏面側からのパターニングやイオン注入といった工程が不可欠です。さらに、ウエハの薄化が進んで100um以下になると、ウエハの自重でたわんでしまいます。これを防ぐ技術として開発されたのが「TAIKOプロセス」です。TAIKOプロセスではウエハを薄化する際、ウエハの最外周部を残し、内周のみを研削して薄くします。これにより、ウエハ全面を薄化するのに対して、ウエハ強度を向上させ、たわみを防止しています。こうした裏面の工程だけではなく、表面の工程でも深いトレンチを形成するエッチング加工を行ったり、大電流を流すため電極に厚いアルミ膜を形成したりするなど、多くの違いがあります。

◉ トランジスタ(FET)の構造の変化

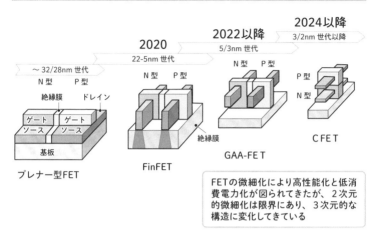

出典：国立研究開発法人 産業技術総合研究所「2nm世代向けの新構造トランジスタの開発」(2020/12/08) を
もとに作成

◉ TAIKOプロセスによるウエハの薄化

パワー半導体を複数まとめた
パワーモジュールの構造

◉さまざまな機能がパッケージ化されたものもある

　パワー半導体のパッケージの形態は、パワーMOSFETやIGBTなどのデバイス単体でパッケージされるものもありますが、ユーザーが製品に組み込むときに扱いやすいよう、複数のデバイスを1つのパッケージにした「**パワーモジュール**」として提供されます。

　最も簡易的なパワーモジュールは、「1in1タイプ」と呼ばれるもので、1つのIGBTと1つのダイオードで構成されます。IGBTとダイオードの組合せが2つの「2in1」、6つの「6in1」と呼ばれるパワーモジュールなどもあります。さらに、パワーモジュールとともに**駆動回路や保護回路など**が**統合**されたものもあり、「IPM（Intelligent Power Module）」と呼ばれています。IPMのメリットはさまざまな機能が1つのパッケージに集積していることによって、省スペース化が可能となり、ユーザーにとっては設計が容易となり、システムの信頼性が向上します。

　パワーモジュールの構造は、大きく分けて「**ケース型パッケージ**」と「**モールド型パッケージ**」があります。ケース型は大電流・高電圧の用途に使われ、樹脂ケース内部の金属のベース板上に絶縁基板とパワー半導体を積層した構造です。ケース内部はゲルで封止され、複数本のアルミニウムワイヤを用いて、外部との配線が施されています。大電流を流すと発熱量も大きくなるため、銅などでできたヒートシンクが付加されます。モールド型は電化製品用などの比較的低圧の用途に使われ、パワー半導体とアルミニウムワイヤ、絶縁シートをモールド樹脂で封止した構造です。

● パワーモジュールの例

1in1	2in1
	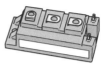
等価回路	等価回路
	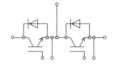
製品内部にIGBTとFWDが各1個内蔵された製品。電流定格の大きな領域の製品で、並列に接続してさらに大容量の領域に適用されることもある	IGBTとFWDが各2個内蔵された製品。3台1組で使用してPWMインバータを構成するのが一般的。電流定格の大きな領域の製品を並列で使用することも多い

出典：富士電機株式会社「富士IGBTモジュール アプリケーションマニュアル」をもとに作成

● ケース型パッケージとモールド型パッケージ

ケース型パッケージ　　　　　モールド型パッケージ

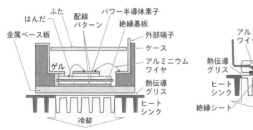 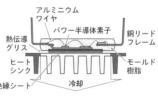

出典：三菱電機株式会社「三菱電機技報2021年05月号 論文05」をもとに作成

まとめ	□ パワー半導体や周辺回路が1パッケージにされている
	□ ケース型とモールド型の2つの構造がある

ウエハからチップを切り出し
モジュール化させる後工程

●ダイシングで切り出し、銅板上に接合する

　パワー半導体製造の後工程は、P.70で見たパワーモジュールを製造する工程です。ケース型・モールド型ともに、まず前工程でウエハ上につくられたチップを1つずつ切り出す「**ダイシング**」を行います。ウエハをダイシング用のシートに貼り付け、ダイヤモンド砥粒を付着させたダイシングブレードを高速で回転させて、チップを切り出します。最近ではブレードを使わず、レーザーを使って切り出す**レーザーダイシング技術**も用いられています。レーザーダイシングであれば、ブレードによる機械的なダメージを与えることなく切り出せます。

　ダイシングで個々のチップに切り出したあとは、チップの状態で電気特性の検査を行います。ウエハの状態では大電流を流す検査が難しいため、チップの状態で行うのです。このチップ試験で良品と判定されたものをはんだで銅板上に接合させます。これを「**ダイボンド**」といいます。そしてアルミニウムワイヤによって配線が施されます。これを「**ワイヤボンド**」といいます。通常のICであれば、直径10um程度の金線でワイヤボンドがされますが、パワー半導体では大電流を流すため、直径数百umのアルミニウムワイヤが使われます。

　ケース型であれば、ワイヤボンド後にケース内にゲル封止を行い、ケースのふたを取り付けて完成です。モールド型では、ICと同じように金型を使ってモールド用の樹脂を流し込んで完成させます。

　そしてパッケージ化したあと、最終的な電気特性や外観の検査を行い、良品と判定されたものが出荷されます。

● ディスクリート半導体の製造の後工程

中間工程　　ダイシング　　ウエハ上につくり込んだチップを
　　　　　　　　　　　　　　　　1つずつ切り出す作業（P.85参照）

組立工程

ダイボンディング

切り出したチップをはんだで銅板上
（リードフレーム）に接合させる

ワイヤボンディング

固定したチップをアルミニウムワイ
ヤで銅板とつなぐ

テスター

完成

特性テスト

テスターで電気的特性をテスト
し、きちんと機能するか調べる

外装メッキ

銅板の外装にメッキ加工を施
し、耐食性の向上などを図る

モールド

チップと銅板を樹脂材料
で封止（モールド）する

出典：加賀東芝エレクトロニクス株式会社「製品紹介 半導体の製造プロセス」を参考に作成

●半導体の主な検査

電気特性検査	パワー半導体の静特性（時間的要素を含まない定常状態での特性値）と動特性（スイッチのオン・オフ時の時間的要素を含む特性値や波形）を検査する。大電流を流す検査であるため、ウエハ状態ではなくチップ状態で検査する。
外観検査	ウエハ状態で異物や傷などを検出するために自動外観検査装置を実施する。人による官能検査を実施する場合もある。
信頼検査	パワー半導体の信頼性を評価するため、温度サイクル試験（高温→低温のサイクルを繰り返して破壊しないか）や高温ゲートバイアス試験（高温下でゲートに電圧を印加してデバイスが破壊しないか）などの評価試験を実施する。

まとめ	□ ダイシングによって1チップずつに切り出す □ ダイボンドとワイヤボンドを行い、封止化して完成

半導体工場ってどんなところ?

　半導体の製造工程では、「○○ nm」(○○内に数値が入る)といった表記がなされます。パワー半導体では nm (ナノメートル) レベルの微細な加工は行われませんが、um (マイクロメートル) レベルの加工は実施されています。um とはいえ、私たちの日常生活では想像できないほどの微細な構造です。たとえば髪の毛の太さは約0.1mm (100um)、春先に悩まされるスギ花粉は約10um、インフルエンザなどのウイルスでようやく約0.1um です。いかに半導体がミクロな世界を取り扱っているかがわかるでしょう。半導体工場内で目には見えない小さなゴミがあっても不良になってしまう可能性があるということです。

　そのため、半導体を製造する半導体工場では、高度に管理された清浄度の非常に高い「クリーンルーム」と呼ばれる特別な環境が必要になります。クリーンルームでは、人の目には見えないものの空気中に浮遊しているパーティクル(微小な粒子)を「HEPA(High Efficiency Particulate Air) フィルタ」と呼ばれる専用のフィルタで除去します。身近なイメージとしては、家庭の空気清浄機の超高性能版のようなものです。半導体工場で使用される水は、イオン交換樹脂や高性能な逆浸透膜などにより、極限まで不純物を取り除いた超純水を使います。

　そして、クリーンルーム内で最も汚染源となるのが人間です。そのためクリーンルーム内で作業する人は、宇宙服のような見た目の特殊なクリーンスーツを着て、クリーンシューズを履き、特殊な手袋をして、エアシャワーを浴びてから工場内に入ります。

Part

5

優れた特性をもつ半導体材料

SiCパワー半導体と GaNパワー半導体

Siの材料特性の限界と
SiCやGaNによる半導体開発

●Siで超えられない壁をSiCやGaNで超える

　半導体デバイスは、そのほとんどがSi（シリコン）でつくられています。発光ダイオード（LED）やレーザーダイオードなどの光半導体デバイスでは化合物半導体が使われますが、ロジック半導体や半導体メモリではほぼSiです。パワー半導体でも同様に、Siを使ったデバイスの研究開発が続けられており、性能向上が図られてきました。

　パワー半導体の性能向上とは、これまで見てきたように、**オン抵抗の低減**と**耐圧の向上**です。しかし、オン抵抗と耐圧はトレードオフであり、「あちらを立てればこちらが立たぬ」という関係にあるので、両立させることは困難です。また材料の特性として、**バンドギャップ**や**絶縁破壊電界**、**熱伝導率**などは固有の値が決まっており、それ以上は物理的に性能向上を図ることができません。バンドギャップとは、電子が安定して存在できない領域（禁制帯）の幅のことで、バンドギャップが大きい材料は、高温での動作が安定し、絶縁破壊電界が高くなります。絶縁破壊電界とは、物質に電界（電圧）を加えたときに、どこまで壊れずに耐えられるかを示しており、この数値が高い材料は高電圧に耐えられるということです。そして熱伝導率は、熱の移動のしやすさを示しており、パワー半導体では**損失をゼロにできない**ので、必ず熱が発生します。熱伝導率が高い材料は、その熱を放熱しやすくなります。

　トレードオフの関係は変わりませんが、材料の特性としてSiの限界を超えるために、特性がより優れたSiCやGaNを使う研究開発が行われ、実用化が進んでいます。

◉ オン抵抗と耐圧の関係

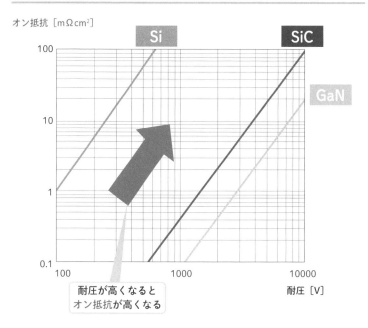

オン抵抗 [mΩcm²]

Si　　**SiC**

GaN

耐圧が高くなると
オン抵抗が高くなる

耐圧 [V]

◉ Si、SiC、GaNの主な材料特性

Si、SiC、GaN の主な材料特性

性能項目	Si	4H-SiC	GaN
バンドギャップ (eV)	1.12	3.26	3.39
電子移動度 (cm2/Vs)	1,350	1,000	2,000
絶縁破壊電界 (MV/cm)	0.3	2.8	3.3
電子飽和速度 (cm/s)	1.0×10^7	2.2×10^7	2.7×10^7
熱伝導率 (W/cmK)	1.5	4.9	2

まとめ	☐ オン抵抗と耐圧はトレードオフの関係にある ☐ Siより材料特性の優れた SiC と GaN が実用化の段階に

SiCを材料に使った
SiCパワー半導体

● 電力変換のエネルギー損失が少ないSiC

　SiC（シリコンカーバイド、炭化ケイ素）とは、シリコン（Si）と炭素（C）で構成された化合物半導体です。バンドギャップと熱伝導率がSiの約3倍、絶縁破壊電界はSiの約10倍という優れた材料特性をもちます。そのため、Siパワー半導体より、高い電圧や動作温度に耐えられ、抵抗が生じるチップの厚さを1/10ほどに抑えられるので、電力変換を行う際の**エネルギー損失が少ない**という特徴があります。加えて、発熱を抑えるための放熱機構を小型化でき、搭載する**機器の小型化**も実現できます。

　SiCはSi結晶の一部がCに置き換わった単結晶ですが、Si原子とC原子の位置の組合せの違いにより、複数の結晶構造が存在します。通常、SiCパワー半導体で使用されるのは、「**4H**」と呼ばれる結晶構造です。Hは「Hexagonal」の頭文字で、「六方晶」という結晶構造を意味します。ほかに「3C」や「6H」と呼ばれる結晶構造があります。

　SiCパワー半導体は、Siパワー半導体であるIGBTからの置き換えとして、**大電流・高耐圧の領域で徐々に普及**が進みつつあります。たとえば、太陽光発電システムで使われるパワーコンディショナや、電気自動車（EV）など、システムの小型化・軽量化のメリットが大きい領域です。

　とはいうものの、すべてのSiパワー半導体がSiCパワー半導体に置き換わるわけではありません。Siパワー半導体であるパワーMOSFETやIGBTもそれぞれの得意な領域で、今後も使い続けられます。

● Siパワー半導体とSiCパワー半導体の違い

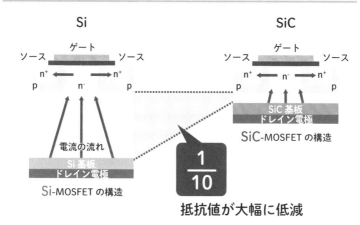

出典：NEDOWM（国立研究開発法人新エネルギー・産業技術総合開発機構〈NEDO〉）「次世代の電力社会を担う『SiCパワー半導体』が、鉄道車両用インバーターで実用化」をもとに作成

● Si、SiC、GaNの活躍する領域

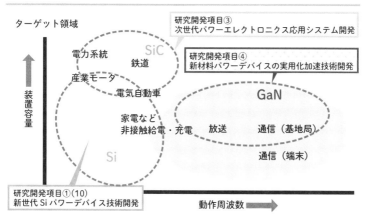

出典：国立研究開発法人新エネルギー・産業技術総合開発機構（NEDO）「『低炭素社会を実現する次世代パワーエレクトロニクスプロジェクト』事後評価報告書（案）概要」をもとに作成

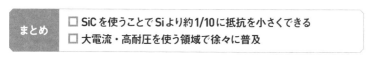

まとめ
- □ SiC を使うことで Si より約1/10に抵抗を小さくできる
- □ 大電流・高耐圧を使う領域で徐々に普及

SiCウエハの製造方法

● SiC ウエハは昇華法によってつくられる

　SiC ウエハの製造には、主に「**昇華法**」と呼ばれる手法が用いられています。昇華とは、固体から直接気体に、または気体から直接固体になる状態変化のことです。SiC ウエハをつくるためには、通常は粉末であるSiCの固体原料を2000℃以上の高温で加熱して昇華させ、不活性ガスの雰囲気中で低温部に設置された種結晶上に成長させて単結晶を製造します。そして、この単結晶をスライスし、研削・研磨をして、SiC ウエハをつくります。

　Siウエハの場合は、Siの多結晶をおよそ1400℃で融かし、融液から引き上げる手法（CZ法〈P.62参照〉）により、最大で12インチ（300mm）の単結晶を量産できます。一方、SiCでは、材料の特性上、**常圧では化学組成が一致した融液が存在できません**。SiCを加熱すると、およそ3000℃でSi融液とC（グラファイト）に分解してしまいます。このため、Siで利用される融液に種結晶を接触させて引き上げるCZ法は使えず、昇華法によって製造しているのです。

　昇華法では、**大口径の単結晶をつくることが難しく**、ようやく8インチ（200mm）のウエハがつくられるようになりましたが、主に6インチ（150mm）のウエハが使われています。さらに、単結晶の**成長速度が非常に遅い**ため、ウエハのコストが下がりにくい要因となっています。加えてSiと比べ、結晶内に欠陥が生じやすく、品質を高めることも困難です。そのため、**結晶の品質を向上**させる取り組みや、**結晶の成長速度を向上**させるためのガス成長法など、さまざまな研究開発が進められています。

● 昇華法によるSiCウエハの製造工程

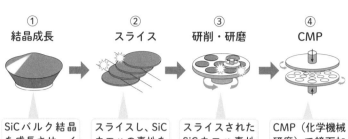

① 結晶成長	② スライス	③ 研削・研磨	④ CMP
SiCバルク結晶を成長させ、インゴットに成形	スライスし、SiCウエハの素地を作成	スライスされたSiCウエハ素地を研削・研磨	CMP（化学機械研磨）で鏡面加工をして完成

Part 5
SiCパワー半導体とGaNパワー半導体

SiC 粉末

昇華法
（～2200℃）
プロセス

インゴット

バルクウエハ

切断・研削・研磨
（ダイヤモンドの
次に固い）

出典：関西学院大学「産学連携プロジェクトによりパワー半導体向けSiCウエハー全面の加工歪み検査技術を共同開発」（2022.09.09）をもとに作成

出典：NEDOWM（国立研究開発法人新エネルギー・産業技術総合開発機構〈NEDO〉）「次世代の電力社会を担う『SiCパワー半導体』が、鉄道車両用インバーターで実用化」をもとに作成

まとめ	□ SiCは材料の特性上、昇華法でつくらざるを得ない □ 昇華法ではウエハのコストや品質などに課題がある

SiCパワー半導体の製造方法

● SiC ウエハ上にデバイスをつくり込む

　SiC パワー半導体で実用化されているデバイスは、**ダイオード**（主にSBD：ショットキーバリアダイオード）と**パワーMOSFET**です。ここではパワーMOSFETの製造方法を見てみましょう。

　まず昇華法で製造したn型のSiCウエハを用意します。ウエハ上では**n層をエピタキシャル成長**させます。そしてソースとなる「pウェル」を、フォトリソグラフィによるパターニングとイオン注入で形成します。その後、ゲート酸化膜、ゲートの電極、そしてソースの電極を形成し、最後に裏面側のドレインの電極を形成します。

　デバイス製造における大きな流れは、Siパワー半導体とあまり変わりません。しかし、SiCパワー半導体ならではの製造の難しさもあります。たとえば、材料の特性上、エピタキシャル成長やイオン注入、不純物の活性化などに、Siのときより**非常に高温での熱処理**が必要になります。また、イオン注入をする不純物には、**Siの場合と異なる材料**を用いなければなりません。製造装置の多くは、Siと共通で使えるものがありますが、Siと異なる工程では新規の製造装置が必要になります。ここではゲートの構造として**プレーナ（平面）型**で説明しましたが、SiのパワーMOSFETと同様に、トレンチ型のゲート構造もつくられています。

　ウエハ上へのデバイスの製造が完了したあとは、Siパワー半導体と同じように、ダイシングによってチップ単位に切り出されます。そして、チップの状態で電気特性の検査が行われ、検査を通過したチップのみがパワーモジュールの組み立てに使われて完成します。

SiCパワー半導体の製造工程

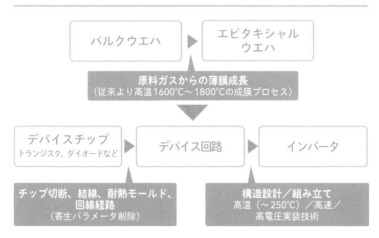

出典：NEDOWM（国立研究開発法人新エネルギー・産業技術総合開発機構〈NEDO〉）「次世代の電力社会を担う『SiCパワー半導体』が、鉄道車両用インバーターで実用化」をもとに作成

SiCパワー半導体の主な用途

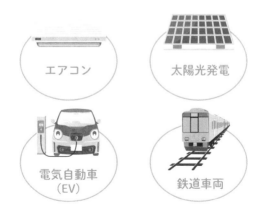

まとめ
□ 製造方法の大きな流れは Si パワー半導体と同じ
□ SiC パワー半導体固有の難しさがある

SiCパワー半導体の製造の課題

　SiCパワー半導体の課題は、SiCウエハの製造、前工程、後工程のそれぞれに存在します。

　まずSiCウエハの製造ですが、やはり**コストと品質**が大きな課題といえます。現在主流の昇華法では、ウエハの大口径化や大量生産が非常に難しく、**少量の生産**にとどまります。そのため、「**ガス成長法**」という手法の研究開発が進められています。ガス成長法とは、Siの原料ガスとしてシラン（SiH_4）を、Cの原料ガスとしてプロパン（C_3H_8）を使い、2000℃以上の高温によるCVD（Chemical Vapor Deposition：化学気相成長法）で単結晶を成長させる方法です。ガス成長法は、昇華法に比べ、**単結晶の成長が速く**、大きくすることができます。

　前工程における課題としては、Siと比べ、**高温での処理が多い**点が挙げられます。電気特性を制御するために不純物を注入する際、高温でのイオン注入をする必要がありますし、その後、注入した不純物を活性化させるためにも高温処理が必須です。こうした高温での緻密な温度制御はSiより難しくなります。

　また、パワーMOSFETのゲート構造をトレンチ構造にする際、**SiCをエッチング**してつくりますが、化学的に安定なSiCのエッチングは、Siより難しくなります。後工程では、SiCがSiより固いという点で、チップを切り出す**ダイシング加工が難しく**なります。ブレードダイシングでは、ブレードにもチップにも機械的なダメージが大きくなるため、レーザーダイシングなどが必要になってきます。

◉ SiCウエハの代表的な製造方法

昇華法	ガス成長法	溶液法
SiC 原料を昇華させて再結晶化	ガス原料を反応させて結晶化	炭素含有 Si 溶液中で結晶化

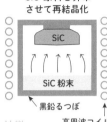

黒鉛るつぼ
高周波コイル

原料ガス

C が溶けた Si 溶液

特徴

- 最も広く導入されている

特徴

- 原料を連続して供給
- 高純度の原料
- 成分組成制御に優れる

特徴

- Si、GaAs 引上法と類似
- 大口径で長尺、品質向上の可能性もある

課題

- 口径の拡大
- 長尺化
- 品質を維持して高速化

課題

- ガス流れ / 温度分布制御
- ガス導入、排出部の詰まり

課題

- ガス Si 溶液中での
- 炭素溶解度の向上
- 金属の混入

◉ ダイシング方式の違い

ブレードダイシング　　アブレーションダイシング　　ステルスダイシング

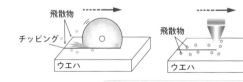

飛散物
チッピング
ウエハ

飛散物
ウエハ

ウエハ

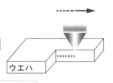

従来はブレードダイシング方式が多かったが、現在はステルスダイシングなどのレーザーダイシング方式が主流となっている

まとめ	☐ SiC ウエハの製造の課題はコストと品質 ☐ 高温処理や硬い SiC の加工にも課題がある

GaNを材料に使った
GaNパワー半導体

● SiC とともにパワー半導体として実用化が進むGaN

　GaN（窒化ガリウム）とは、ガリウム（Ga）と窒素（N）で構成された化合物半導体です。SiCと同様に、パワー半導体の材料として優れた特性をもっています。バンドギャップ（P.76参照）がSiの約3倍、絶縁破壊電界（P.76参照）がSiの約10倍であり、SiやSiCより**電子移動度が高い**点が特徴です。電子移動度とは、物質中での電子の移動のしやすさを表す度合いで、電子移動度が高いGaNでは高速スイッチングを行うことが可能であり、**高周波の用途**に適しています。光半導体デバイスの発光ダイオード（LED）などにも使われており、GaNを使った青色LEDは、2014年のノーベル物理学賞の受賞理由となっています（P.94コラム参照）。

　GaNを使ったパワー半導体は、大きく2つの構造があります。1つは、Siなどの基板上にGaN層をエピタキシャル成長させ、電流を横方向に流す**横型タイプ**です。もう1つは、SiやSiCのパワーMOSFETと同じく、電流を縦方向に流すため、GaN基板上にGaN層を積んだ**縦型タイプ**です。GaN基板は非常に高価で、デバイスが高コストになるので、現状、実用化されているのは横型タイプです。

　横型タイプでは、高耐圧化が難しく、GaNは**低耐圧から中耐圧の領域**で普及が進んでいます。身近なところではスマートフォンの充電器やパソコン用のアダプタなどに採用され、低損失で小型化されています。今後は通信基地局や、近年莫大な電力消費が社会課題となりつつあるデータセンターにおけるサーバ用電源などに利用されることが期待されています。

◎ GaNの横型タイプと縦型タイプの特徴

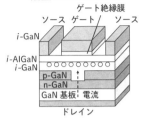

横型 GaN MOSFET

ソース　ゲート絶縁膜　ゲート　ドレイン

i-AlGaN
i-GaN
バッファ層
Si 基板

←電流
2 DEG

● 低抵抗、高周波動作
● 高耐圧化が難しく、低耐圧から中耐圧の領域で普及

縦型 GaN MOSFET

ゲート絶縁膜
ソース　ゲート　ソース

i-GaN
i-AlGaN
i-GaN
p-GaN
n-GaN
GaN 基板　電流
ドレイン

● 高出力、高耐圧用の素子設計
● GaN基板は非常に高価で、デバイスが高コストになる

出典：国立研究開発法人 科学技術振興機構 低炭素社会戦略センター「GaN系半導体デバイスの技術開発課題とその新しい応用の展望」（平成29年3月）をもとに作成

◎ GaNパワー半導体の主な用途

パワーデバイス

| ハイブリッドカー |
| 鉄道 |
| 超小型AC コンバータ |

電力損失を1/10に減らし、省エネ効果。
装置の小型化で軽量化、燃費向上

電波エネルギー

| 太陽光発電 |

発電効率を2倍以上にアップ

| 非接触給電 |

ワイヤレスで機器の充電が可能

| レーダ・高速通信 |

高速、高品質、省電力で情報伝送

出典：一般社団法人 GaNコンソーシアム「GaNの研究開発」を参考に作成

| まとめ | ☐ パワー半導体で実用化されている GaN は横型タイプ |
| | ☐ 低耐圧から中耐圧領域で高周波の用途に適している |

GaNウエハの製造方法

● GaN ウエハはさまざまな基板を使って製造される

　GaNウエハは、さまざまな基板から製造されています。GaN基板はコストが高いため、Si基板やサファイア基板、さらにはSiC基板などを使い、それらの基板上に「有機金属気相成長法（**MOCVD**：Metal Organic Chemical Vapor Deposition)」でGaN層などをエピタキシャル成長させます。サファイアは、ダイヤモンドに次ぐ硬さをもつ材料です。**耐熱性や耐食性**などに優れており、サファイア基板を用いたGaNウエハは発光ダイオード（LED）などのデバイスに使われています。

　パワー半導体としては、現状で最もコストを抑えられるSiの基板上にGaN層を成膜したGaNウエハを使い、デバイスが製造されています。GaN層を基板上に成膜するMOCVDとは、**有機金属やガスを原料として用いた結晶成長方法**です。化合物半導体の結晶をつくるために用いられ、原子層レベルで膜厚を制御できます。

　GaN基板の製造も、さまざまな手法の研究開発が進められています。「ハイドライド気相成長法（HVPE：Hydride Vapor Phase Epitaxy)」は、ガリウムと塩化水素ガスを反応させ、さらにアンモニアガスと反応させることでGaNを成長させる手法です。ほかには「**ナトリウム（Na）フラックス法**」と呼ばれる手法では、ナトリウムとガリウムを混蔵させて高温高圧にすることで、GaN結晶を析出させます。大阪大学と豊田合成の研究グループは2022年、ナトリウムフラックス法で6インチのGaN基板作製に成功しています。

● MOCVD装置のしくみ

原料ガス

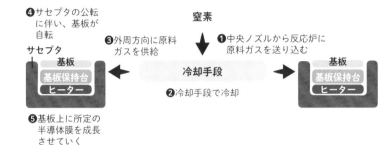

トリメチルガリウム＋水素 　　　　　アンモニア＋水素

❹サセプタの公転
に伴い、基板が
自転

❸外周方向に原料
ガスを供給

窒素

❶中央ノズルから反応炉に
原料ガスを送り込む

サセプタ

基板
　基板保持台
　ヒーター

冷却手段

❷冷却手段で冷却

基板
　基板保持台
　ヒーター

❺基板上に所定の
半導体膜を成長
させていく

出典：大陽日酸株式会社「MOCVD - エレクトロニクス分野」を参考に作成

● マルチポイントシードを用いたナトリウムフラックス法

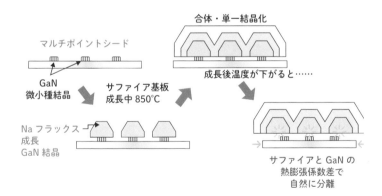

合体・単一結晶化

マルチポイントシード

GaN
微小種結晶

サファイア基板
成長中 850℃

成長後温度が下がると……

Na フラックス
成長
GaN 結晶

サファイアと GaN の
熱膨張係数差で
自然に分離

出典：大阪大学「世界最大6インチサイズ・高品質のGaN結晶を創製！」(2022年6月6日) をもとに作成

<table>
<tr><td>まとめ</td><td>☐ Si基板を使ったGaNウエハが主に使われている
☐ GaN基板のコスト低減、大口径化が進められている</td></tr>
</table>

GaNパワー半導体の製造方法

● GaN HEMT のシンプルな構造で製造される

　GaNパワー半導体で実用化されているデバイスは「HEMT (High
Electron Mobility Transistor) 構造」となっています。HEMT
とは、日本語にすると「高電子移動度トランジスタ」であり、異なる
種類の半導体を積層したヘテロ接合の界面で誘起された、高移動度
の二次元電子ガスをチャネルとした**電界効果トランジスタ**のことで
す。このHEMTは、日本で開発されたデバイス構造で、1979年に富
士通研究所の三村高志氏により、GaASとAlGaAsを使って発明され
ました。高速デバイスの特徴を生かして、衛星放送用受信機や携帯
電話、ミリ波レーダ、GPSなどの情報通信に使われています。

　GaN HEMTは、デバイス構造としてはシンプルです。GaN層の
上に窒化アルミニウムガリウム（AlGaN）層を形成し、その上に電極
となるソース、ゲート、ドレインをパターニングして形成します。し
かしGaN HEMTは、ゲートの電圧が0Vでもソースとドレインの間
に電流が流れる「**ノーマリーオン型**」と呼ばれる動作をします。大
電流が流れるパワー半導体では、何らかのトラブルが発生した際、
大事故につながるリスクがあるため、ゲートに電圧を加えないと電
流が流れない「ノーマリーオフ型」が必要です。その対策として、
GaN HEMTにSiのパワーMOSFETを直列に接続し、ひとつの疑似
的なノーマリーオフ型のパワー半導体とみなす「**カスコード接続**」と
呼ばれる構造がつくられています。しかし、SiのパワーMOSFETを
使っているため、GaNの性能を最大限に発揮できないという課題が
残ります。

● GaN HEMTのデバイス構造

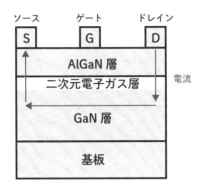

ソース　　　ゲート　　　ドレイン

出典：一般財団法人 材料科学技術振興財団「高電子移動度トランジスタの評価（C0410)」を参考に作成

● GaN HEMTとSi MOSFETのカスコード接続

GaN HEMTに
SiのパワーMOSFETを
直列に接続し、
疑似的なノーマリーオフ型を実現

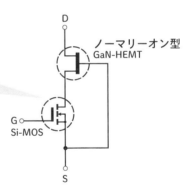

まとめ	☐ GaN HEMTはシンプルな構造で、製造は難しくない
	☐ カスコード接続ではGaNの性能向上が課題

GaNパワー半導体の課題

● 基板とデバイス構造に課題が多い

　GaNパワー半導体の課題としては、まずウエハ基板があります。Si基板の上にGaN層を積層したウエハでは、大口径化とコスト低減が可能ですが、横型タイプのデバイス構造であり、**高耐圧化が困難**です。そのためGaN基板の低コスト化が求められています。基板のコストを下げるためには、**大口径化と長尺のインゴット製造**が必要であり、そのための研究開発が進められています。

　しかしその一方で、高耐圧の領域では、SiCパワー半導体の実用化が進んでいます。そのため、GaNがSiCの牙城を崩せるのかという課題も出てきます。

　デバイス構造の課題としては、**ノーマリーオフ化**です。カスコード接続によるものは、あくまでも疑似的なノーマリーオフ型にすぎないので、GaNパワー半導体単体としてノーマリーオフ型にする必要があります。そのためには、GaN HEMTのAlGaN層にトレンチ構造のゲートを形成し、GaNとAlGaNの界面の**二次元電子ガス層を制御**する構造や、ゲート電極の直下にp型のGaN層を挿入する「**p-GaN ゲート構造**」などが開発されています。

　さらにデバイスの特性として、「**電流コラプス**」と呼ばれる課題もあります。電流コラプスとは、デバイスがオンの状態で通電中に電流が徐々に減少し、オン抵抗が高くなってしまう現象です。この原因は、ゲート付近での電子の結晶欠陥や界面のトラップによるものと考えられています。この対策として、「フィールドプレート構造」と呼ばれるデバイス構造が必要となります。

● SiC優勢で、GaNは課題解決が必要

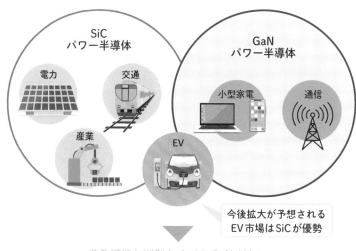

今後拡大が予想される
EV市場はSiCが優勢

普及可能な縦型タイプのGaNがない

	Si 基板上に GaN 層を積層したウエハ	GaN 基板上に GaN 層を積層したウエハ
課題① 縦型導電	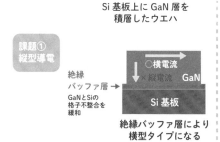 絶縁バッファ層により横型タイプになる	 絶縁バッファ層がなく縦型タイプを実現可能
課題② 大口径	Si と GaN の熱膨張差でソリが発生	GaN 基板が高コスト

まとめ	☐ 基板コストの低減のために大口径化が必要 ☐ デバイス構造ではノーマリーオフ型が必須

青色LEDのノーベル賞はGaNのおかげ

　非常に明るい光を放つ発光ダイオード（LED）は今や家庭内の
ライトや道路の信号機、自動車のヘッドライト、イルミネーション
など、さまざまな場所で利用されています。2014年に青色発光ダ
イオードの開発で日本出身の赤崎勇氏、天野浩氏、中村修二氏の
3氏がノーベル物理学賞を受賞したことは記憶に新しいでしょう。

　赤色や緑色のLEDは1970年代、すでに実用化されていました。
光の3原色の赤・緑・青が揃えば多くの色を表現できるので、世
界中の研究者が青色発光ダイオードの研究に取り組んでいました。

　青色発光ダイオードとして最初に開発されたのが、現在ではパ
ワー半導体の材料として有名なSiCです。ただしSiCは「間接遷
移型半導体」という発光しにくい性質をもつ材料であったため、明
るいLEDをつくることが非常に難しく、実用化には至りませんで
した。次に、直接遷移型半導体でよく光る性質があるセレン化亜
鉛（ZnSe）という半導体を使い、明るいLEDがつくられました。
しかしZnSeには、使っていると明るさが低下する劣化の課題があ
り、実用化が困難でした。

　もう1つの候補の材料であったのがGaNです。GaNは直接遷移
型半導体であり、明るく発光できる点はいいのですが、高品質な結
晶をつくるのが難しい点と、p型半導体をつくることができないと
いう致命的な課題がありました。しかし、名古屋大学の赤﨑勇氏ら
は、GaNで青色LEDをつくることを決意して研究を続け、1989
年に赤崎勇氏と天野浩氏が青色LEDを開発し、1993年には日亜
化学工業の中村修二氏が高輝度で高効率の青色LEDを開発して普
及につながりました。

Part

6

急拡大して競争が激化している

パワー半導体の市場動向

半導体市場におけるパワー半導体

● 非ICのディスクリート市場は約340億ドル規模

　ニュースや新聞などでは「半導体」と一括りにして扱われることが多いですが、一口に半導体といっても、半導体デバイスにはさまざまな種類があります。WSTS（世界半導体市場統計）の分類では、半導体デバイスは、まず大きく**ICと非IC**に分けられます。そしてICは、ロジックICやASIC（Application Specific Integrated Circuit：特定用途向けIC）などの「**ロジック**」、DRAM（Dynamic Random Access Memory）やフラッシュメモリなどの「**メモリ**」、マイクロプロセッサ（MPU）やマイクロコントローラ（MCU）などの総称である「**マイクロ**」、デジタル信号とアナログ信号を変換するAD/DAコンバータや増幅器などの「**アナログ**」の4つに分類されています。非ICは発光ダイオード（LED）やレーザ、イメージセンサなどの光関連の「**オプト**」、温度や圧力、加速度などを検出するための「**センサ**」、パワーMOSFETやIGBTなどのパワー半導体である「**ディスクリート**」の3つに分けられます。

　たとえば、「先端半導体」といわれる微細化を追求したものは、ICのロジックやメモリ、マイクロに分類されます。一方、パワー半導体と呼ばれるものは非ICのディスクリートに属します。これらの半導体の分類について知ることで、ニュースなどで何の半導体の話題が取り上げられているのかを理解しやすくなります。

　WSTSによると、世界の半導体市場は2022年で**約5,700億ドル**の規模となっており、そのなかでディスクリートは約5.9%の**約340億ドル**の規模があります。

● 世界の半導体市場の予測

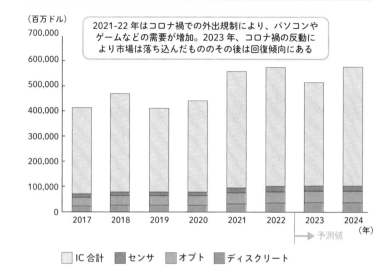

2021-22年はコロナ禍での外出規制により、パソコンやゲームなどの需要が増加。2023年、コロナ禍の反動により市場は落ち込んだもののその後は回復傾向にある

（百万ドル）
700,000
600,000
500,000
400,000
300,000
200,000
100,000
0

2017　2018　2019　2020　2021　2022　2023　2024（年）

→ 予測値

□ IC合計　■ センサ　■ オプト　■ ディスクリート

出典：一般社団法人 電子情報技術産業協会（JEITA）「世界半導体市場統計（WSTS）」をもとに作成

● 鉱工業指数による半導体・集積回路（IC）の推移

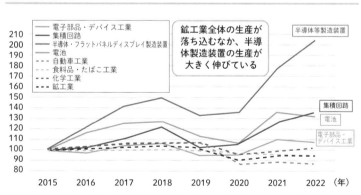

── 電子部品・デバイス工業
── 集積回路
── 半導体・フラットパネルディスプレイ製造装置
── 電池
--- 自動車工業
--- 食料品・たばこ工業
--- 化学工業
--- 鉱工業

鉱工業全体の生産が落ち込むなか、半導体製造装置の生産が大きく伸びている

半導体等製造装置

集積回路
電池
電子部品・デバイス工業

210
200
190
180
170
160
150
140
130
120
110
100
90
80

2015　2016　2017　2018　2019　2020　2021　2022（年）

※経済産業省鉱工業指数（2015=100）季節調整済指数より作成。四半期データをもとに年平均を算出
出典：経済産業省「半導体・デジタル産業戦略」（令和5年6月）をもとに作成

まとめ
□ 半導体市場は約**5,700億ドル**（2022年）
□ パワー半導体を含むディスクリート市場はその約**6%**

パワー半導体の市場規模

● 世界で約261億ドルの市場規模を誇る

　パワー半導体の市場規模は、英国の調査会社オムディアによると、2022年のデータで**約261億ドル**とされています。P.96のWSTSのディスクリート分野の数値と異なるのは、ディスクリート分野にはパワー半導体に分類されない小信号用ダイオードやトランジスタが含まれていることと、調査母体が異なることです。

　売上高の世界シェアの上位を見ると、トップはドイツのインフィニオンテクノロジーズです。同社のシェアは約21%で、第2位以下に大差を付けている圧倒的なトップ企業です。第2位は米国のオン・セミコンダクターで、シェアは約10%、第3位はスイスのSTマイクロエレクトロニクスで、シェアは約8%です。

　トップ3は欧米企業に占められていますが、第4位以下では日本の三菱電機、富士電機、東芝、ロームの4社がトップ10内にランクインしています。ルネサスエレクトロニクスも2021年のランキングではトップ10に入っていましたが、2022年のランキングからは漏れています。日本企業は複数社がトップ10入りをしていますが、上位3社と比較すると、**規模の点で見劣り**をしています。特にSiパワー半導体では、ウエハの大口径化が進んでおり、12インチ（300mm）ウエハを使った**設備投資の競争下**にあります。こうしたなか、上位企業を追いかけ、競争力を確保し続けられるかが課題といえます。上場廃止となった東芝に出資しているロームや、国内企業の再編を促したい経済産業省の戦略（Part8参照）によって今後、国内企業の勢力図が変わるかが注目されます。

● パワー半導体のシェア（2022年）

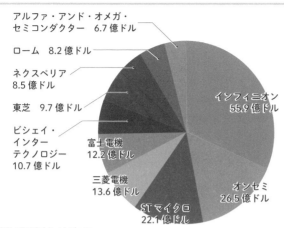

アルファ・アンド・オメガ・セミコンダクター　6.7億ドル

ローム　8.2億ドル

ネクスペリア　8.5億ドル

東芝　9.7億ドル

ビシェイ・インターテクノロジー　10.7億ドル

富士電機　12.2億ドル

三菱電機　13.6億ドル

STマイクロ　22.1億ドル

オンセミ　26.5億ドル

インフィニオン　55.9億ドル

出典：英調査会社オムディア
出所：日本放送協会（NHK）「日本のパワー半導体、欧米、中国にどう立ち向かう？」をもとに作成

Part 6 パワー半導体の市場動向

● パワー半導体の世界市場

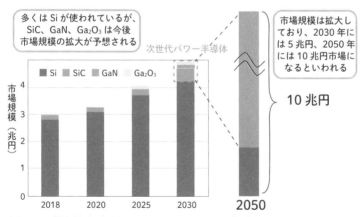

多くは Si が使われているが、SiC、GaN、Ga₂O₃ は今後市場規模の拡大が予想される

次世代パワー半導体

市場規模は拡大しており、2030年には 5 兆円、2050年には 10 兆円市場になるといわれる

10兆円

市場規模（兆円）

■ Si　■ SiC　■ GaN　　Ga₂O₃

2018　2020　2025　2030　　2050

出典：NEDO「低炭素社会を実現する次世代パワーエレクトロニクスプロジェクト」
出所：経済産業省「資料3『次世代デジタルインフラの構築』プロジェクトに関する研究開発・社会実装計画（案）の概要」（2021年10月）をもとに作成

| まとめ | □ 市場シェアのトップ3は欧米企業が占める |
| | □ トップ10には国内企業も複数あるが規模で劣る |

99

SiCパワー半導体の市場規模

● パワー半導体市場の1割弱だが急拡大する見込み

　SiCパワー半導体の市場規模は、こちらも英オムディアによると、2022年のデータで**約18億ドル**とされています。パワー半導体市場全体のなかで1割にも達していませんが、SiCパワー半導体市場は**今後急激に規模が拡大**していくと考えられています。

　SiCパワー半導体に限定した売上高の世界ランキングでは、トップはスイスのSTマイクロエレクトロニクスです。同社はSiCパワー半導体市場の約39%のシェアを握ります。第2位はドイツのインフィニオンテクノロジーズ、第3位は米国のウルフスピードとなっており、SiCパワー半導体市場でもパワー半導体と同様、**欧米企業が上位を独占**している状態です。第4位に米国のオン・セミコンダクターが続き、第5位に日本のロームが入っています。しかし、第5位のロームの売上高でも、STマイクロエレクトロニクスの1/10程度にすぎません。

　現在、Siパワー半導体よりまだまだ規模が小さいSiCパワー半導体市場ですが、今後は急激に成長していくことが、さまざまな調査機関から公表されています。たとえば、日本のマーケット調査会社である富士経済が2023年4月に公表した結果では、2023年のSiCパワー半導体市場は**2,293億円**になると見込んでおり、この金額は**前年比134%**となっています。さらに、2035年には5兆3,300億円の市場に成長し、2022年との比較で**31.2倍**になる見込みとされています。わずか13年程度で市場が30倍以上に拡大するという急成長が見込まれています。

● SiCパワー半導体のシェア（2022年）

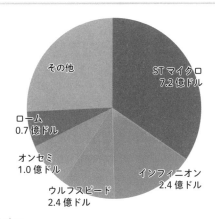

その他

STマイクロ
7.2億ドル

ローム
0.7億ドル

オンセミ
1.0億ドル

ウルフスピード
2.4億ドル

インフィニオン
2.4億ドル

出典：英調査会社オムディア
出所：日本放送協会（NHK）「日本のパワー半導体、欧米、中国にどう立ち向かう？」をもとに作成

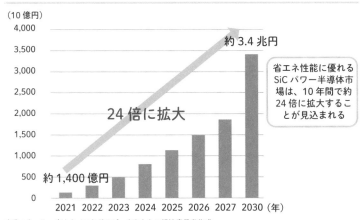

● SiCパワー半導体のシェア（2022年）

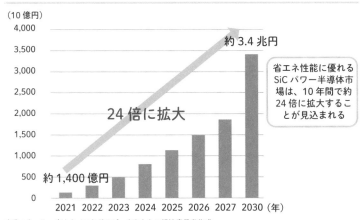

（10億円）

約3.4兆円

24倍に拡大

省エネ性能に優れる
SiCパワー半導体市
場は、10年間で約
24倍に拡大するこ
とが見込まれる

約1,400億円

2021 2022 2023 2024 2025 2026 2027 2030（年）

出典：Omdia、富士キメラなどのデータをもとに経済産業省作成
出所：経済産業省「参考資料（半導体）」をもとに作成

| まとめ | ☐ SiCパワー半導体市場は約18億ドルの規模 |
| | ☐ 市場シェアのトップ3は欧米企業が占める |

GaNと酸化ガリウムの
パワー半導体の市場規模

● パワー半導体市場のなかでわずかに成長する見込み

　GaNパワー半導体の市場規模は、フランスの市場調査会社Yole
Groupによると、2022年のデータで**約1.75億ドル**とされています。
パワー半導体市場全体から見てごくわずかであり、SiCパワー半導体
市場と比較しても1/10程度です。

　GaNパワー半導体に限定した売上高の世界ランキングでは、トッ
プは米国のパワー・インテグレーションズ、第2位も米国のナビタ
ス・セミコンダクター、第3位がカナダのガンシステムズ、第4位が
米国のEPC、第5位が中国のイノサイエンステクノロジーとなって
います。上位は海外企業に占められ、**国内企業は入っていません**。国
内では、ロームや東芝、三菱電機などが手がけています。上位企業
の特徴としては、第5位を除き、「**ファブレス**」と呼ばれる事業形態
であることです。ファブレスとは、fabrication（製造工程）をless（も
たない）という意味で、自社では企画や設計、販売のみを行い、製造
は「**ファウンドリ（製造工場）**」と呼ばれる製造を担う企業に委託し
ています。富士経済によると、GaNパワー半導体の2023年の市場規
模は約57億円（約5.2億ドル）と、Yole Groupの数字と乖離がありま
すが、2035年には約740億円になる見込みで、2022年と比べて**市場
規模は約17倍に成長**すると予測されています。

　酸化ガリウムパワー半導体の市場は、サンプル出荷が始まった
2023年からです。富士経済によると、2023年の市場規模は約4億円
の見込みです。2035年には約445億円になる見込みで、SiCやGaNと
比べると規模は小さいですが、徐々に普及していくと考えられます。

● GaNパワー半導体のシェア（2022年）

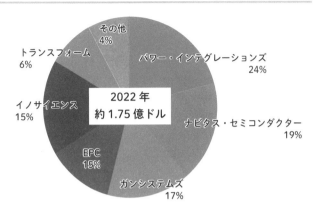

出典：Yole Group「Infineon buys GaN Systems: How will this bold acquisition pay off?」（APRIL 04, 2023）をもとに作成

● 各半導体材料の特徴

次世代パワー半導体

	シリコン (Si)	シリコンカーバイド (SiC)	窒化ガリウム (GaN)	酸化ガリウム (Ga_2O_3)
オン抵抗	×	○	○	◎
耐圧	×	○	○	◎
高速性	×	○	◎	△
熱伝導	○	◎	○	×
価格	◎	×	×	○
適した領域	ー	中容量 大容量	小容量	中容量 大容量

※GaNは「GaN on Si」を想定
出典：経済産業省「資料3『次世代デジタルインフラの構築』プロジェクトに関する研究開発・社会実装計画（案）の概要」（2021年10月）をもとに作成

まとめ	□ GaNパワー半導体市場は約1.75億ドルの市場規模 □ 上位は米国のファブレス企業がランクインしている

パワー半導体の資材調達の戦略

● 各社は自社調達と、ウエハメーカーとの協業に動く

　パワー半導体の資材調達のなかで最も重要なことは、**材料となるウエハの確保**です。Siウエハの場合、日本の信越化学工業とSUMCOが世界シェア第1位と第2位にあり、さらに台湾のグローバルウェーハズ、ドイツのシルトロニック、韓国のSKシルトロンの5社で市場をほぼ独占しています。パワー半導体メーカー各社は、この5社から、コスト低減の目的で**主に複数社と契約**し、供給を受けています。

　SiCウエハの場合、自社内で調達できるようにしているのが、STマイクロエレクトロニクス、ウルフスピード、ロームの3社です。STマイクロエレクトロニクスとロームは、SiCウエハメーカーの買収で自社調達ができるようになり、ウルフスピードはもともとウエハメーカーなので自社調達が可能です。そのほかの企業は**ウエハメーカーと長期契約を結ぶ**ことで、SiCウエハの確保に動いています。

　たとえば、ルネサスエレクトロニクスは2023年7月、ウルフスピードとSiCウエハの長期供給契約を締結しました。これにより、ルネサスエレクトロニクスではウルフスピードから10年間にわたりSiCウエハの供給を受けることになります。

　そのほか、三菱電機とデンソーは、SiCウエハの世界シェアで第2位の米コヒーレントがSiC事業を分社化して設立する新会社に対して、それぞれ5億ドルを出資することを2023年10月に発表しています。三菱電機とデンソーは、この出資により、6インチ（150mm）と8インチ（200mm）のSiCウエハの長期供給契約を締結し、安定調達を実現するとしています。

● SiCパワー半導体・ウエハの世界シェア（2021年）

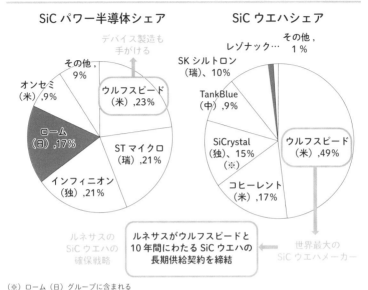

SiC パワー半導体シェア

- デバイス製造も手がける
- その他, 9%
- オンセミ（米）,9%
- ローム（日）,17%
- インフィニオン（独）,21%
- ウルフスピード（米）,23%
- ST マイクロ（瑞）,21%

SiC ウエハシェア

- その他, 1%
- レゾナック…
- SK シルトロン（瑞）、10%
- TankBlue（中）,9%
- SiCrystal（独）、15%（※）
- コヒーレント（米）,17%
- ウルフスピード（米）,49%

ルネサスの SiC ウエハの確保戦略

ルネサスがウルフスピードと10 年間にわたる SiC ウエハの長期供給契約を締結

世界最大の SiC ウエハメーカー

（※）ローム（日）グループに含まれる
出所：富士キメラ総研 2022 年をもとに経済産業省作成
出典：経済産業省「半導体・デジタル産業戦略」（令和 5 年 6 月）をもとに作成

● 三菱電機とデンソーのウエハ調達戦略

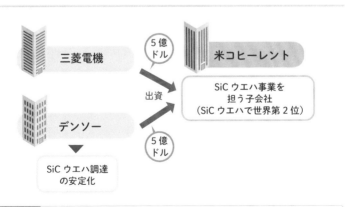

三菱電機 ——5億ドル→ 米コヒーレント

デンソー ——5億ドル→

出資

SiC ウエハ事業を担う子会社（SiC ウエハで世界第 2 位）

デンソー → SiC ウエハ調達の安定化

まとめ
- ☑ ST マイクロ、ウルフスピード、ロームは自社内で調達
- ☑ ルネサスや三菱電機はメーカーと長期供給契約を締結

パワー半導体の
開発環境確保の戦略

● 産総研や大学と企業による連携が進む

　パワー半導体の開発環境としては、デバイスメーカー各社での研究開発も進められていますが、**産学官連携による研究開発**も活発になっています。

　TPEC（つくばパワーエレクトロニクスコンステレーション）は、パワー半導体の材料であるSiCやGaNなどを活用し、パワーエレクトロニクスの革新を目指す共同研究体です。独立行政法人として設置されている公的研究機関である産業技術総合研究所（産総研）を中心に、産業界からは富士電機、東芝、ロームといったデバイスメーカーや、レゾナックなどの材料メーカーと、京都大学や筑波大学などが、オープンイノベーションのコンセプトのもと、材料からパワー半導体、パワーモジュール、電力機器までを包含した研究を、研究レベルにとどまらず**量産レベルで推進**しています。

　また名古屋大学未来材料・システム研究所では、ノーベル物理学賞を受賞した天野浩教授がセンター長を務める未来エレクトロニクス集積研究センターにおいて、トヨタ自動車や旭化成、三菱ケミカルなどとGaNパワー半導体やGaN基板の研究を、**産学共同研究部門として推進**しています。ここには産総研・名大 窒化物半導体先進デバイスオープンイノベーションラボラトリも設置されています。

　こうした産学官連携の研究開発により、新たな技術の開発はもちろん、将来の研究者や、企業で技術開発を進めるエンジニアなどの**人材育成にも大きな貢献**をしています。

● 筑波大学の民活型共同研究体のイメージ

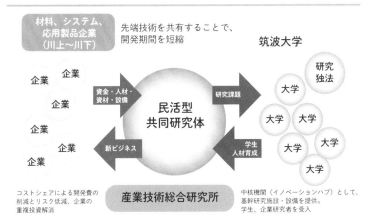

材料、システム、
応用製品企業
（川上〜川下）

先端技術を共有することで、
開発期間を短縮

筑波大学

企業　企業
企業
企業
企業　企業
企業

資金・人材・
資材・設備

研究課題

民活型
共同研究体

新ビジネス

学生
人材育成

研究
独法
大学
大学　大学
大学　大学
大学

コストシェアによる開発費の
削減とリスク低減、企業の
重複投資解消

産業技術総合研究所

中核機関（イノベーションハブ）として、
基幹研究施設・設備を提供。
学生、企業研究者を受入

出典：ティアテック「つくばパワーエレクトロニクスコンステレーション」をもとに作成

● 未来エレクトロニクス集積研究センターの研究分野

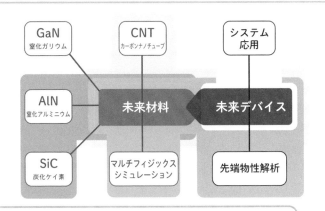

GaN
窒化ガリウム

CNT
カーボンナノチューブ

システム
応用

AlN
窒化アルミニウム

未来材料

未来デバイス

SiC
炭化ケイ素

マルチフィジックス
シミュレーション

先端物性解析

未来材料・未来デバイスによる省エネエレクトロニクスに特化した研究・
教育を推進しており、材料・計測・デバイス・応用システムの
基礎科学から出口まで、一貫した連携研究・教育体制を構築

出典：名古屋大学エレクトロニクス集積研究センター（CIRFE）「Research Fields」をもとに作成

まとめ	□ 産学官連携による研究開発が活発に推進 □ 大学と企業が一体となり人材育成も進められている

半導体メーカーの市場獲得の戦略

● ユーザー企業と連携して市場を獲得

　パワー半導体の市場獲得のため、メーカー各社は電気自動車（EV）に組み込む**自動車部品をつくる企業との連携や協業**などを進めています。ルネサスエレクトロニクスでは、モータ製造大手のニデック（旧・日本電産）と2023年6月、EV向けの駆動モータとさまざまなパワーエレクトロニクスを統合した次世代「E-Axle」の半導体ソリューションでの協業に合意したことを発表しました。EVでは、モータとインバータ、ギヤを一体化した、E-Axleと呼ばれる3in1ユニットの採用が増加しています。E-Axleでは、高性能・高効率と、小型軽量・低コストを同時に実現し、車両開発の効率化を図るため、DC-DCコンバータやオンボードチャージャなどの**パワーエレクトロニクス制御を統合**する動きが活発化しています。そこで、ニデックのモータ技術と、ルネサスエレクトロニクスの半導体技術を持ち寄り、高機能なE-Axleの共同開発が目指され、E-Axleにはルネサスエレクトロニクスのパワー半導体が搭載されるようになります。

　ほかにも、ロームでは2023年6月、ドイツのヴィテスコ・テクノロジーズと**SiCパワー半導体に関する長期供給パートナーシップ契約**を締結しています。ヴィテスコ・テクノロジーズはドイツの自動車部品大手であるコンチネンタルから、パワートレイン部門が独立してできた企業で、電動化に特化した駆動系部品の開発や販売を行っています。ロームのSiCパワー半導体を搭載したヴィテスコ・テクノロジーズのインバータ供給は、2024年から開始される予定で、すでに大手2社のEVへの採用が決まっているようです。

● ルネサスとニデックの協業で**E-Axle**開発を加速化

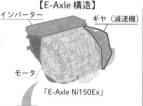

【E-Axle 構造】

インバーター　　　　ギヤ（減速機）

モータ、インバータ、
ギアが一体化

モータ

「E-Axle Ni150Ex」

協業第 1 弾（2023 年末まで）
モータ、インバータ、
ギヤに加え、
・DC-DC コンバータ
・オンボードチャージャ
・電力分配ユニット
を搭載した 6in1
パワーデバイスには SiC
を使用

車体に載せて電力を
供給すれば、自動車
の走行まで 1 製品で
完結できる

協業第 2 弾（2024 年）
バッテリーマネジメント
システムなども統合して
さらに集積度を高める
DCDC や OBC に GaN を
使用

出典：ニデック株式会社「未来への取り組み トラクションモータシステム『E-Axle』（EV駆動モータシステム）」
　　　を参考に作成

● ロームによる**SiC**パワー半導体の長期供給契約

●一貫した SiC パワー半導体の生産体制

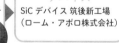

ウエハ
4 インチ /6 インチ /8 インチ
ウエハ工場
（SiCrystal GmbH）

デバイス
SiC デバイス 筑後新工場
（ローム・アポロ株式会社）

パッケージング
（京都本社 / タイ / 韓国）

写真提供：iStock/Photomick

SiC のウエハ製作か
らデバイス加工、
パッケージングまで
一貫した生産体制

ローム製の SiC が
ヴィテスコのイン
バータに使用され
EV に搭載される

まとめ	□ ルネサスやロームは自動車部品メーカーと連携
	□ EVへの搭載で拡大する半導体市場でシェアを伸ばす

パワー半導体分野における
企業買収や事業買収

● 買収により必要な事業や技術、工場を補完する

　これまで見てきたように、ウエハメーカーとデバイスメーカーとの協業や、デバイスメーカーと自動車部品メーカーとの協業を各社が進めていますが、**企業自体の買収**や**事業の買収**の戦略もあります。

　パワー半導体のトップ企業であるインフィニオンテクノロジーズは2023年3月、ガンシステムズを8億3,000万ドルで買収すると発表しました。SiパワーⲌ半導体、そしてSiCパワー半導体に続き、GaNパワー半導体も強化しています。

　国内ではミネベアミツミが、日立のパワー半導体の事業を買収することを2023年11月に発表しています。ミネベアミツミはもともとSi-IGBTビジネスを行っていますが、前工程のみのチップビジネスの展開にとどまり、**後工程のモジュール化技術**をもっていませんでした。そこで、日立のパワー半導体の事業を手がける日立パワーデバイスの全株式を取得することで、チップ製造の能力拡大に加え、パッケージングとモジュールの後工程技術と生産能力を獲得し、パワー半導体を開発から一貫して生産する**垂直統合型のビジネス展開**が可能になるとしています。

　ほかにも、ロームは2023年7月にソーラーフロンティアと、同社がかつて太陽電池を製造していた宮崎県の国富工場を取得することで合意したと発表しています。この工場建屋を利用し、改装や設備導入を行って**SiCパワー半導体の生産拠点を素早く立ち上げ**ます。既存の工場を取得することで、工場用地を新規に開拓して工場建設から行うより迅速に生産能力を向上させる戦略です。

● インフィニオンによるガンシステムの買収

Si パワー半導体のシェア

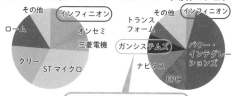

SiC パワー半導体のシェア　　GaN パワー半導体のシェア

パワー半導体のトップ企業
インフィニオンがガンシス
テムズ買収で GaN 分野を強化

◎ 材料別市場規模

3.2 兆円（2020 年）	約 540 億円（2019 年）	約 9 億円（2020 年）
3.7 兆円（2025 年）	約 2,500 億円（2025 年）	約 350 億円（2025 年）

出典：Yole Development のデータをもとに経済産業省が加工（デバイス部門）
出所：経済産業省「資料4『次世代デジタルインフラの構築』プロジェクトに関する研究開発・社会実装計画（案）の概要」（2021 年 7 月）をもとに作成

● ミネベアミツミによる日立のパワー半導体事業の買収

●株式譲渡の相手先の概要

名称	ミネベアミツミ株式会社
所在地	長野県北佐久郡御代田町大字御代田 4106-73
代表者	代表取締役会長 CEO　貝沼由久
事業内容	ベアリングなどの機械加工品事業、電子デバイス、半導体、小型モータなどの電子機器事業、自動車部品・産業機械・住宅機器事業
資本金	68,258 百万円（2023 年 3 月末現在）
設立年月日	1951 年 7 月 16 日

●日立パワーデバイスの概要

名称	株式会社 日立パワーデバイス
所在地	茨城県日立市大みか町五丁目 2 番 2 号
代表者	取締役会長　鈴木雅彦
事業内容	・半導体部品の設計、製造および販売 ・半導体応用機器と部品の設計、製造および販売
資本金	450 百万円（2023 年 3 月末現在）
設立年月日	2013 年 10 月 1 日

出典：ミネベアミツミ、日立製作所

- ミネベアミツミはパワー半導体事業をもっているが、チップビジネスの展開にとどまっていた
- 今回の事業譲渡によりパッケージングとモジュールの後工程技術と生産能力を獲得
- 日立としてはアナログ半導体事業のコアのひとつに位置付けるミネベアミツミのもとで生産能力の拡大と製造効率の向上に取り組んでいくことが最適な方法であるという結論

ミネベアミツミが日立パワーデバイスを買収し、半導体事業を拡大させる模様

まとめ	□ インフィニオンは企業買収によって GaN 分野を強化 □ ミネベアミツミは事業を、ロームは工場を買収で取得

111

パワー半導体における
日本と世界の勢力関係

● 個別企業では十分な存在感を発揮できていない日本勢

　パワー半導体市場は、国内の上位企業である、三菱電機と富士電機、東芝、ロームの4社の売上高を合計すると**40億ドルを超え、市場全体の20%以上を日本企業が占める**ことになります。しかし個別の企業では、シェアは10%に達しておらず、先ほどの4社の合計でもトップのインフィニオンテクノロジーズに及ばない数字となっています。今後の市場拡大のなかで上位企業に追従していくためには、研究開発や生産能力の増強に投資する必要があるので、経済産業省は日本企業の連携と再編を図ることを考えています（Part8参照）。これには、過去に半導体メモリやLSIなどで**市場シェアを失った事例を踏まえた戦略**が各社に求められます。

　パワー半導体のウエハについて、Siウエハに関しては日本の信越化学工業とSUMCOの2社で市場の**およそ半分**を占めており、優位に立っています。一方、SiCウエハに関しては、米ウルフスピードが圧倒的なシェアを握っている状態です。当然ですが、SiCウエハを確保しなければ、SiCパワー半導体はつくることができません。そのため、**日本のSiCウエハ産業を強化**する必要があります。ロームでは、P.110で見たように、宮崎県に取得した工場でSiCウエハの生産も予定しているようです。

　世界と比較した日本企業の勢力は、一部で優位な部分があるものの全体としては厳しい状況です。とはいえ、先端ロジック半導体の開発で進められている国際的な連携について、パワー半導体でも必要になる場面は現れると考えられるので、柔軟な対応も求められます。

● 次世代パワー半導体の素材（ウエハ）に関する国際競争力

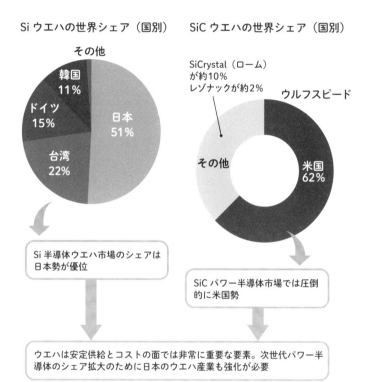

Si ウエハの世界シェア（国別）

その他

韓国 11%
ドイツ 15%
台湾 22%
日本 51%

SiC ウエハの世界シェア（国別）

SiCrystal（ローム）が約10%
レゾナックが約2%

その他

ウルフスピード

米国 62%

Si 半導体ウエハ市場のシェアは日本勢が優位

SiC パワー半導体市場では圧倒的に米国勢

ウエハは安定供給とコストの面では非常に重要な要素。次世代パワー半導体のシェア拡大のために日本のウエハ産業も強化が必要

出典：左図はインフォーマ、右図は Yole Development
出典：経済産業省「資料4『次世代デジタルインフラの構築』プロジェクトに関する研究開発・社会実装計画（案）の概要」（2021年7月）をもとに作成

Part
6
パワー半導体の市場動向

まとめ	□ 日本企業全体ではパワー半導体市場の20%以上占める □ 個別企業単位では上位の欧米企業に大きく劣後

世界の半導体市場と今後

　WSTS の分類では、パワー半導体を含むディスクリートは、半導体のなかの約 5.9％にすぎません。それでは、何が半導体のメインを占めているのでしょうか。

　全体をまず二分するのは IC と非 IC でした。このなかで IC が約 82％を占め、メインとなっています。IC は 4 つに分類されており、ロジックが全体の約 30.8％、メモリが約 22.6％、マイクロが約 13.8％、アナログが約 15.5％です。そして、非 IC は全体の約 18％であり、ディスクリートの約 5.9％のほか、オプトの約 7.6％、センサの約 3.8％となっています。やはりロジック半導体と半導体メモリの 2 種類が半導体全体の過半を占める主要なデバイスということができます。

　今後の予測としては、2023 年は厳しい年になり、市場全体としては、2023 年春季の予測で、前年比 10.3％減の約 5,150 億ドルとなる見込みです。ただ 2024 年には、前年比 11.8％増の約 5,760 億ドルとなる見込みになっており、2022 年をわずかながら上回る予測がされています。

　さらに半導体市場は、2030 年までにさらに成長していくことが予測されています。たとえば、経済産業省が 2021 年 3 月に発表した半導体戦略では、2030 年に 100 兆円市場になることが予測されています。ほかには、2021 年 12 月に SEMI（Semiconductor Equipment and Materials International：国際半導体製造装置材料協会）のトップが 2030 年に 1 兆ドル（1 ドル 150 円とすると約 150 兆円）規模に達する見込みと述べており、2023 年 2 月にドイツ電気・電子工業連盟も 2030 年に 1 兆ドルまで拡大することを予測しています。

Part

7

多様な戦略でシェア拡大を目指す

主要な
パワー半導体企業の動向

海外のパワー半導体企業①
インフィニオンテクノロジーズ

● 世界トップを走り、Si も SiC も GaN も全方位戦略

　インフィニオンテクノロジーズはドイツのノイビーベルクに本社を置く半導体メーカーです。車載用半導体やパワー半導体、マイコンなどを手がけており、**パワー半導体全体では世界シェアトップ**、SiCパワー半導体でも世界第3位の企業です。もとはドイツの総合電機メーカーであるシーメンスの半導体部門でしたが、1999年に分離して設立されました。半導体メモリ部門は、2006年にキマンダとして分離されましたが、2009年に経営破綻に至っています。

　インフィニオンテクノロジーズは**Siパワー半導体のウエハ大口径化**で、他社より圧倒的に先行しています。12インチ（300mm）ウエハでのSiパワー半導体の量産を2013年から開始しており、現在ではドイツのドレスデン工場とオーストリアのフィラッハ工場の2拠点で行っています。さらに2022年、ドレスデンの既存工場に隣接する形で、**12インチウエハのパワー半導体工場を建設**することを発表しました。およそ50億ユーロ（約8,000億円）を投資し、2026年に稼働予定としています。

　パワー半導体ではSiに加え、SiCとGaNにも投資をしており、全方位的な戦略をとっています。前工程では、2022年に**マレーシアのクリム工場に20億ユーロを投資**して生産能力を増強中です。これに加えて2023年8月、追加で50億ユーロを投資し、8インチ（200mm）ウエハのSiCパワー半導体工場を新設することを発表しています。GaNでは2023年3月、カナダの**ガンシステムズを買収**するなど、パワー半導体のトップ企業は今後に向けて次々と手を打っています。

● インフィニオンの半導体シェア

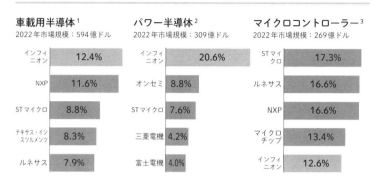

車載用半導体[1]
2022年市場規模：594億ドル

インフィニオン	12.4%
NXP	11.6%
STマイクロ	8.8%
テキサス・インスツルメンツ	8.3%
ルネサス	7.9%

パワー半導体[2]
2022年市場規模：309億ドル

インフィニオン	20.6%
オンセミ	8.8%
STマイクロ	7.6%
三菱電機	4.2%
富士電機	4.0%

マイクロコントローラー[3]
2022年市場規模：269億ドル

STマイクロ	17.3%
ルネサス	16.6%
NXP	16.6%
マイクロチップ	13.4%
インフィニオン	12.6%

[1] TechInsights: Automotive Semiconductor Vendor Market Shares.2023年3月。
[2] Omdia: Power Semiconductor Market Share Database – 2022 – Final V2.2023年9月の調査による。
[3] Omdia: Annual 2001-2022 Semiconductor Market Share Competitive Landscaping Tool – 2Q23.2023年8月の調査による。

● インフィニオンの前工程・後工程の製造拠点

17ヵ所の拠点[1]

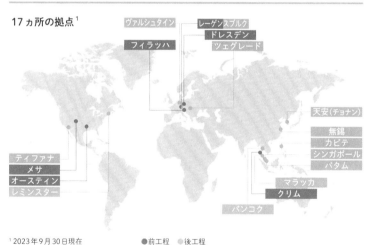

ヴァルシュタイン　レーゲンスブルク　ドレスデン　フィラッハ　ツェグレード　天安(チョナン)　無錫　カビテ　シンガポール　バタム　ティファナ　メサ　オースティン　レミンスター　マラッカ　クリム　バンコク

[1] 2023年9月30日現在　　●前工程　●後工程

まとめ	□ インフィニオンはドイツの半導体メーカー □ Siの大口径化で先行し、SiCやGaNにも積極的に投資

海外のパワー半導体企業②
STマイクロエレクトロニクス

● SiC パワー半導体がテスラのEV に採用されシェア拡大

STマイクロエレクトロニクスはスイスのジュネーブに本社を置く半導体メーカーです。車載用半導体やパワー半導体、マイコン、アナログ半導体、イメージセンサなどを手がけており、**パワー半導体全体では世界シェア第3位**、SiCパワー半導体に限れば世界トップの企業です。同社は、1987年にイタリアのSGS Microelettronicaとフランスのトムソンの半導体部門の合併により、SGSトムソンマイクロエレクトロニクスとして設立されました。1998年のトムソンの撤退により、社名を現在のSTマイクロエレクトロニクスにしています。

STマイクロエレクトロニクスは、**SiCパワー半導体で世界シェア約40%**と圧倒的なトップに立っており、その強みは**材料からの一貫生産**ができる点です。2019年には、SiCウエハメーカーであるスウェーデンのノルステルを買収し、SiCウエハの生産を可能にしています。そして2022年には、イタリアのカターニャ工場に7.3億ユーロを投資し、既存工場に隣接する形でSiCウエハの新工場を建設することを発表しています。これにより一貫生産を強化する戦略です。

STマイクロエレクトロニクスのSiC事業の躍進のきっかけのひとつは、米テスラの電気自動車（EV）「**Model 3**」の駆動モータ用インバータに同社のSiCパワー半導体が採用された点です。テスラはEVで世界トップのシェアがあり、そのテスラでの採用によりSiCパワー半導体のシェア拡大につながりました。今後、EVの普及が見込まれるなか、さらにシェア拡大ができるかがポイントです。

◉ グローバルな半導体企業のSTマイクロエレクトロニクス

- グループ従業員数：約48,000人
- 研究開発スタッフ：約8,400人

- 2022年純売上：161.3億ドル

- 世界各国に80のセールスオフィス
- 20万社以上の顧客をサポート

- 主要工場：14工場

- 国連グローバル・コンタクトの署名企業
- レスポンシブル・ビジネス・アライアンスのメンバー企業

出典：STマイクロエレクトロニクスのWebサイトより

◉ STマイクロエレクトロニクスの製造拠点

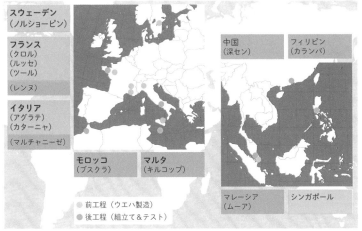

スウェーデン
（ノルショーピン）

フランス
（クロル）
（ルッセ）
（ツール）
（レンヌ）

イタリア
（アグラテ）
（カターニャ）
（マルチャニーゼ）

モロッコ
（ブスクラ）

マルタ
（キルコップ）

中国
（深セン）

フィリピン
（カランバ）

マレーシア
（ムーア）

シンガポール

● 前工程（ウエハ製造）
● 後工程（組立て＆テスト）

出典：STマイクロエレクトロニクス「STマイクロエレクトロニクス会社概要」（2022年7月）をもとに作成

まとめ	□ STマイクロエレクトロニクスはスイスの半導体メーカー □ SiCのトップ企業で材料からの一貫した生産が強み

海外のパワー半導体企業③
オン・セミコンダクター

●日本企業を含めた買収により事業を拡大

　オン・セミコンダクターは、米アリゾナ州フェニックスに本社を置く半導体メーカーです。パワー半導体やイメージセンサ、アナログ半導体などを手がけており、**パワー半導体全体で世界シェア第2位**、SiCパワー半導体では第4位の企業です。同社は1999年、米国の半導体黎明期から活躍のモトローラからスピンオフ（分社化）する形で設立されました。その後、モトローラの半導体部門はフリースケールセミコンダクターズとして分離し、そのフリースケールは2015年にオランダのNXPセミコンダクターズに吸収合併されています。

　オン・セミコンダクターは、**さまざまな企業を買収**し、事業拡大を進めてきました。それには日本の三洋電機の半導体部門である三洋半導体も含まれます。この三洋半導体の新潟工場を取得して設立されたのが**JSファンダリ**です（P.136コラム参照）。さらには富士通の半導体部門である**富士通セミコンダクター**から会津工場を取得するなど、日本とも関わりが深い企業です。オン・セミコンダクターも**SiCウエハを自社で調達**できるよう、2021年に米国のSiCウエハメーカーであるGTアドバンストテクノロジーズを買収しています。さらにSiCウエハの生産能力を拡大するため、米ハドソン工場やチェコのロズノフ工場に大規模な投資をしています。Siパワー半導体では、2019年に米グローバルファウンドリーズから取得した工場で生産を進めています。オン・セミコンダクターでは2021年、工場の数を減らす**ファブライト戦略**を発表していますが、残される工場には生産能力増強のために投資を続けていく予定です。

● オン・セミコンダクターの生産拠点

9カ国に19カ所

● オン・セミコンダクターの概要

- 全世界従業員数：約33,000人
- 2022年売上高：83億ドル
- 製品数：8000
- 製造拠点：9カ国に19カ所

事業分野は、オートモティブ、産業、医療、クラウド、航空宇宙、防衛と多岐にわたる

出典：オン・セミコンダクターのWebサイトより

まとめ	☐ オン・セミコンダクターは米国の半導体メーカー ☐ 三洋電機の半導体部門や富士通の工場を取得してきた

海外のパワー半導体企業④
ウルフスピード

● SiC ウエハの老舗でトップ企業

　ウルフスピードは米ノースカロライナ州ダーラムに本社を置く半導体と半導体材料のメーカーです。半導体の主流であるSiではなくSiCやGaNなどの**化合物半導体のみを手がけている**点が特徴です。同社は1987年、クリーという社名でSiCウエハを製造する企業として設立され、1991年に世界初の商用SiCウエハを発売しました。そして2021年、ウルフスピードに社名を変更しています。同社は**SiCパワー半導体では世界シェア第2位**、材料であるSiCウエハでは世界シェアおよそ6割と圧倒するトップ企業です。

　ウルフスピードはもともと、SiCウエハを製造する半導体材料メーカーでしたが、**デバイス加工（前工程）**にも乗り出しています。2022年4月、米ニューヨーク州モホークバレーに世界初のSiCの8インチ（200mm）ウエハを使ったパワー半導体工場を稼働しています。そして2022年9月、米ノースカロライナ州チャタムに8インチのSiCウエハの工場を新設し、2024年から稼働させる計画です。これにより、**材料の生産能力を増強**させます。さらに2023年2月、ドイツのザールラント州エンドルフにSiCの8インチウエハを使ったパワー半導体工場を新設する計画を発表しました。2027年から生産を開始する見込みです。これらの投資に総額65億ドル（約1兆円）を投じるとしています。ノースカロライナ工場で生産したSiCウエハをニューヨークとザールラントの両工場に供給することで、SiCによる**垂直統合型の製造**をより強化していく方針です。

● 垂直統合型のSiCパワー半導体の製造工程

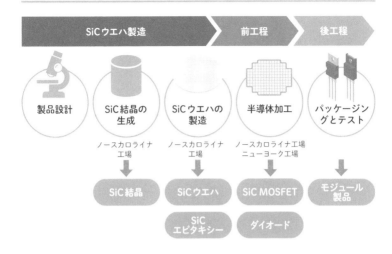

SiCウエハ製造			前工程	後工程

製品設計	SiC結晶の生成	SiCウエハの製造	半導体加工	パッケージングとテスト

ノースカロライナ工場　　ノースカロライナ工場　　ノースカロライナ工場
　　　　　　　　　　　　　　　　　　　　　　ニューヨーク工場

SiC結晶　　SiCウエハ　　SiC MOSFET　　モジュール製品

SiCエピタキシー　　ダイオード

● ウルフスピードのデバイス加工（前工程）の戦略

2022年4月

世界初の
**SiCの8インチ
ウエハを使った
パワー半導体工場**
の稼働開始

米ニューヨーク州
モホークバレー

2022年9月

**8インチの
SiCウエハの工場**を
新設

2024年から
稼働予定

米ノースカロライナ州
チャタム

2023年2月

**SiCの
8インチウエハを
使ったパワー半導体
工場**を新設する計画

2027年から
生産開始予定

独ザールラント州
エンドルフ

SiCウエハ供給　　SiCウエハ供給

投資総額65億ドル（約1兆円）

まとめ	☐ ウルフスピードは米国の半導体と半導体材料のメーカー ☐ 化合物半導体に特化し、なかでもSiCのトップ企業

国内のパワー半導体企業①
三菱電機

● 国内トップ企業でありSi にもSiC にも果敢に投資

　三菱電機は多くの方がご存じの大手電機メーカーです。社名のとおり、三菱グループにおける主要企業のひとつで、設立から100年を超える伝統ある企業です。同社は半導体事業に、国内企業ではかなり早い段階から取り組んでいます。ただし、LSI事業は日立製作所と合弁でルネサステクノロジ（現・ルネサスエレクトロニクス）を設立し、メモリ事業はエルピーダメモリ（のちに経営破綻して現在はマイクロンテクノロジー）に譲渡しています。

　三菱電機は現在、**パワー半導体事業**と**高周波・光半導体事業**を手がけており、なかでもパワー半導体事業は重点成長事業に位置付けられています。パワー半導体における市場シェアは**国内企業としてトップ**です。同社は今後、生産工場や生産設備への投資を加速させていく計画です。まず2021年度から25年度までの投資額は、従来の1,300億円から**2,600億円に倍増**させます。そして、8インチ（200mm）ウエハに対応したSiC パワー半導体工場を熊本県菊池市に新設することを発表しており、26年からの稼働を予定しています。また広島県の福山工場には、12インチ（300mm）ウエハの**Si パワー半導体生産ライン**を設置しました。24年から量産を開始する計画です。

　欧州企業が先行していた12インチウエハによるパワー半導体製造にようやく追いついてきたといえます。従来から使われているSi 素子と、今後市場が拡大していくSiC 素子の両方に投資を行い、生産能力を高めていくとしています。

● 三菱電機の製造拠点

- **パワーデバイス製作所**
（福岡県福岡市）
開発、設計
後工程マザー工場

- **高周波光デバイス製作所**
（兵庫県伊丹市）
高周波デバイス、
光デバイス

- **パワーデバイス製作所**
（熊本）（熊本県合志市）
前工程マザー工場
Si 8インチ、SiC 6インチ

- **パワーデバイス製作所**
（広島）（広島県福山市）
Si 8インチ、SiC 6インチ
（2024年度稼働）

出典：三菱電機

● 三菱電機のパワー半導体への投資

設備投資額（実績、計画）

21年度から25年度までの累計設備投資を
倍増

- 従来計画に加え、SiCでの更なる事業拡大
に向けて積極的な成長投資を継続する

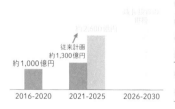

約2,600億円

従来計画
約1,300億円

約1,000億円

| 2016-2020 | 2021-2025 | 2026-2030 |

重点施策

		中期的成長の実現に向けた積極的な能力増強
前工程	SiC	・8インチ：熊本（泗水地区）に最先端の省エネ性能と自動化を実現する新工場棟を建設、需要の拡大に合わせ順次生産能力を拡張 ・6インチ：既存ラインの増強 **生産能力：約5倍（22年度→26年度）**
	Si	福山工場の生産拡大による生産性の更なる向上 ・12インチ：大口径化ラインを24年度から稼働予定 ・8インチ：福山工場に生産効率を高めたラインを構築 **生産能力：約2倍（20年度→25年度）**
後工程		・ものづくり力強化：新工場棟を福岡地区に建設し、設計・開発から生産技術検証までを一貫して行う体制を構築 ・能力増強：需要増に対応した適時適切な増強

- パワー半導体分野への投資額を従来計画から倍増（1,300億円→2,600億円）
- 熊本県菊池市にSiC 8インチウエハに対応した工場を新設（26年度稼働予定）
- 熊本県菊池生産能力をSiCは5倍（22年度→26年度）、Siは2倍に（22年度→25年度）

出典：三菱電機

まとめ	☐ 三菱電機は国内トップのパワー半導体企業 ☐ 広島県の福山工場でSiの12インチラインを稼働予定

国内のパワー半導体企業②
東芝

● パワー半導体への投資は継続中、TOB で上場廃止へ

　東芝も三菱電機と同様、日本を代表する電機メーカーでした。日本の半導体黎明期から存在感を発揮してきた企業で、世界初となる自動車エンジン電子制御マイコンの開発や、ノンラッチアップ型IGBTの製品化、NAND型フラッシュメモリの発明など、半導体の分野で多くの実績があります。しかし、2015年に発覚した不正会計問題により経営が大きく揺らぎました。その影響を受けてフラッシュメモリ事業は分社化され、現在はキオクシアが担っています。

　現在の東芝に残っている半導体事業は、主にパワー半導体をメインとする**ディスクリート半導体事業**と**システムデバイス事業**です。東芝では特に、パワー半導体に注力して生産能力の向上を図っています。まず**前工程**では、石川県能美市にある子会社の加賀東芝エレクトロニクスに製造棟を新設中です。この新棟は12インチ（300mm）ウエハのSiパワー半導体生産ラインを設置し、2024年度内に稼働を開始する予定です。これを1期目の工事としており、さらに2期目の工事が計画されている模様です。ここには経済産業省の助成も決定しています（ロームと共同）。さらに**後工程**では、兵庫県揖保郡太子町にある姫路半導体工場内に新棟を建設する予定です。こちらは2024年に着工し、2025年に稼働を開始する計画です。

　しかし東芝全体としては2023年3月、日本産業パートナーズ（JIP）と国内企業の連合による買収提案を受け入れることが決議され、2023年12月に**上場廃止**となりました。今後の東芝がどのように再生されるのかが注目されています。

● 東芝の製造拠点

- 姫路半導体工場
  （兵庫県姫路市）
  ディスクリート
  前工程・後工程

- 豊前東芝エレクトロニクス
  （福岡県豊前市）
  ディスクリート後工程

- ジャパンセミコンダ
  クター 大分事務所
  （大分県大分市）
  システムLSI後工程

- ジャパンセミコンダク
  ター本社・岩手事務所
  （岩手県北上市）
  システムLSI前工程

- 加賀東芝エレクトロニクス
  （石川県能美市）
  ディスクリート
  前工程・後工程

出典：東芝

● 東芝の製造拠点の生産能力向上

加賀東芝エレクトロニクスに
12インチウエハの製造棟新設

加賀東芝エレクトロニクス

所在地　：石川県能美市
敷地面積：23万 m²
主要製品：パワー半導体

工事は2期に分けて実施
第1期：2024年度内に稼働開始予定
第1期フル稼働時で2021年度比2.5倍
の生産能力向上

出典：東芝

姫路半導体工場内に
後工程工場を新設

東芝 姫路半導体工場

所在地　：兵庫県揖保郡太子町
敷地面積：18.3万 m²
主要製品：パワー半導体

パワー半導体の後工程工場を新設
2024年6月着工
2025年春に稼働開始予定
2022年度比2倍以上に生産能力向上

まとめ
- ☐ 加賀東芝でSiの12インチラインが稼働予定
- ☐ JIPによるTOBにより半導体事業の今後に注目

国内のパワー半導体企業③
富士電機

● SiもSiCも生産能力を拡大中

　富士電機は、日本の古河電気工業とドイツのシーメンスとの資本・技術提携により、1923年に設立された重電機メーカーです。1935年に同社の電話部が独立して別企業となったのが、現在の富士通です。今では富士通のほうが企業として有名になっていますが、元をたどれば富士電機の一部門だったということです。

　富士電機では、主力のエネルギー事業とインダストリー事業の**パワーエレクトロニクス技術**をパワー半導体が下支えしています。パワー半導体としては、工作機械等向けの産業分野と、ハイブリッド車や電気自動車（EV）向けの自動車分野に分かれています。

　半導体事業は過去5年間で、**年率2桁の成長率で拡大**しています。それに伴い、設備投資額は2019年度から2023年度の5年間で当初計画の1,200億円から**2,000億円を超える金額**に増やしています。

　特にSiパワー半導体の**8インチ（200mm）ウエハの生産能力を増強**しており、マザー工場である長野県の松本工場、Siの8インチの主力工場である山梨県の山梨工場、さらに2012年にルネサスエレクトロニクスから買収した青森県の津軽工場で投資が進んでいます。加えて海外のマレーシア工場でも2023年度から量産を開始する計画です。

　SiCについても2024年度以降、津軽工場で**6インチ（150mm）ウエハの本格的な量産**が開始される計画となっています。8インチの量産技術の開発も進行中で、今後、SiCの生産能力を急速に拡大していく方針を掲げています。

◉ 富士電機の製造拠点（前工程）

- **松本工場**
  （長野県松本市）
  マザー工場
  SiC生産拠点
  8インチ生産能力拡大

- **海外拠点**
  （マレーシア富士電機社）
  自動車IGBT（第6世代）
  生産
  8インチ生産
  （23年度量産開始予定）

- **津軽工場（富士電機津軽セミコンダクタ）**
  （青森県五所川原市）
  SiC生産拠点
  8インチ生産能力拡大
  （24年度量産開始予定）

- **山梨工場**
  （山梨県南アルプス市）
  8インチ主力工場
  自動車IGBT、第7世代
  IGBT生産

出典：富士電機

◉ 富士電機のSi 8インチとSiCウエハの生産能力

前工程 Si 8インチ生産能力の推移

※2019年度末の生産能力を100とした指数で表記（各年度末での比較）

- 2023年度は、2019年度比で約3倍の生産能力増強
- 2024年度以降の増強継続

前工程 SiC 6インチ生産能力の推移

※2022年度末の生産能力を起点に指数で表記（各年度末での比較）

- 2024年度の本格量産に向け年度末には一部能力増強が整う計画
- SiCの大幅増強を推進中

まとめ	☐ 富士電機はパワエレ技術が主力の重電機メーカー
	☐ 8インチのSi、6インチのSiCの生産能力を拡大中

国内のパワー半導体企業④
ローム

● SiC パワー半導体への投資に注力

ロームは1954年、佐藤研一郎氏が立命館大学の在学中に考案した炭素皮膜固定抵抗器の特許をもとに、東洋電具製作所として京都で創業されました。1960年代後半に半導体事業に進出し、現在は**LSI事業**と、パワー半導体を含む**半導体素子事業**が大きな柱です。

ロームは近年、パワー半導体、なかでも**SiCに注力**しています。ロームの特長は、材料であるSiCウエハからデバイス加工（前工程）、モジュール加工（後工程）までの一貫した工程をもっている点です。半導体メーカーは通常、材料であるウエハを材料メーカーから購入します。ただしSiCウエハは、急激な需要増加により、半導体メーカー各社の取り合いの状況になっています。ロームでは2009年、シーメンスの子会社であったサイクリスタルを買収して子会社化しました。これにより、**ウエハの自社調達が可能**になり、さらにほかの半導体メーカーへの販売も行っています。

またロームは、**前工程の生産能力拡大**にも積極的な投資を行っています。まず2021年度から27年度までに累計5,100億円を投資する計画で、福岡県の子会社であるローム・アポロの筑後工場にSiC用の新棟を建設し、2022年から量産を開始しています。また2023年7月には、宮崎県にあるソーラーフロンティア旧国富工場の取得に合意し、SiC用工場として2024年末に稼働を開始する予定です。この宮崎県の新工場への投資には、経済産業省の助成も決定しています（東芝と共同）。こうした一連の投資により、ロームは2030年度までに**SiCの生産能力を2021年度比35倍**にまで拡大させる計画です。

⦿ ロームのSiC事業の成長戦略

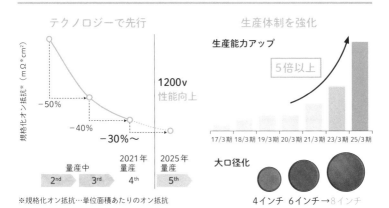

テクノロジーで先行

規格化オン抵抗* (mΩ*cm²)

−50%

−40%

−30%〜

1200v
性能向上

	量産中	2021年量産	2025年量産
2nd	3rd	4th	5th

※規格化オン抵抗…単位面積あたりのオン抵抗

生産体制を強化

生産能力アップ

5倍以上

17/3期 18/3期 19/3期 20/3期 21/3期 23/3期 25/3期

大口径化

4インチ 6インチ→8インチ

カバー率100%の商品形態
SiC加工プロセス

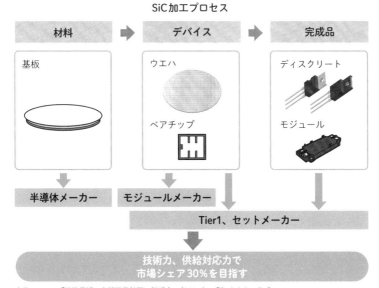

材料 ➡ デバイス ➡ 完成品

基板

ウエハ

ベアチップ

ディスクリート

モジュール

半導体メーカー　モジュールメーカー

Tier1、セットメーカー

技術力、供給対応力で
市場シェア30%を目指す

出典：ローム「決算業績・中期経営計画　説明会」（2021年5月）をもとに作成

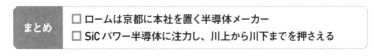

まとめ
- ☐ ロームは京都に本社を置く半導体メーカー
- ☐ SiCパワー半導体に注力し、川上から川下までを押さえる

国内のパワー半導体企業⑤
ルネサスエレクトロニクス

● 近年の業績は好調で、パワー半導体への投資を推進

　ルネサスエレクトロニクスは、2002年に日本電気（NEC）の半導体事業が分社化されたNECエレクトロニクスと、2003年に日立製作所と三菱電機の半導体事業が分社化・統合してできたルネサステクノロジが、2010年に統合してできた企業です。2011年の東日本大震災のとき、茨城県の那珂工場が被災し、甚大な被害が出ましたが、経済産業省やトヨタ自動車を中心とする復旧部隊により、およそ半年で震災前の水準に戻るという驚異的な復旧を遂げました。

　しかし、その後の業績は芳しくなく、2013年には経営悪化で**産業革新機構（現・INCJ）の傘下**となり、実質的な国有化とされました。そしてこの頃、国内工場の統廃合が進みました。2017年以降は**海外企業の買収**を果敢に行い、業績も回復しています。

　ルネサスはマイコンやアナログ半導体に強みをもっていますが、パワー半導体も手がけており、近年投資を進めています。まず国内工場の統廃合により、2014年に一度閉鎖した山梨県の甲府工場を再稼働させます。**Siの12インチ（300mm）ウエハ対応のパワー半導体生産ライン**として、2022年に900億円を投じ、2024年に再稼働させることを発表しています。工場建屋をそのまま使えるので、投資金額を抑え、短期間で再稼働できるものとみられています。

　またSiC量産も目指しており、2025年から群馬県の高崎工場において、6インチ（150mm）ウエハでパワー半導体の量産を開始する計画です。SiC量産のため、ウルフスピードと10年間にわたる**SiCウエハの長期供給契約**を締結したことを2023年に発表しています。

● ルネサスエレクトロニクスの歴史

2002（平成14）年	日本電気（NEC）が半導体事業（汎DRAMを除く）を分社化し、NECエレクトロニクスを設立
2003（平成15）年	日立製作所と三菱電機の半導体事業（パワー半導体を除く）を分社化・統合し、ルネサンステクノロジを設立
2010（平成22）年	NECエレクトロニクスとルネサンステクノロジが業績悪化により、規模拡大のために合併・統合してルネサンスエレクトロニクスを設立

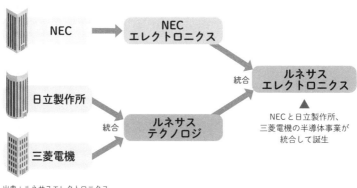

出典：ルネサスエレクトロニクス

● ルネサスエレクトロニクスのパワー半導体への投資

● **甲府工場**
（山梨県甲斐市）

旧・日立系の工場で
6インチ、8インチライン
2013に閉鎖発表、2014に閉鎖

900億円規模の設備投資を行って
12インチウエハ対応のパワー半
導体生産ラインとして2024年に
稼働を再開させる

主力製品：IGBT、パワーMOS

出典：ルネサスエレクトロニクス

まとめ	□ ルネサスはNEC、日立、三菱、の半導体事業が合併して誕生 □ パワー半導体にも投資しておりSiの300mmラインを構築中

国内のパワー半導体企業⑥
そのほかの企業

◉ 主要な半導体メーカー以外にも関連する企業が活躍

　これまで主要な国内企業5社をみてきましたが、ほかにもパワー半導体関連企業は数多く存在します。ここでは自動車部品メーカーのデンソーと、化学メーカーのレゾナックをみてみましょう。

　デンソーは愛知県に本社を置く自動車部品メーカーで、トヨタグループ内の主要企業です。自動車制御用の半導体を一部内製しています。ハイブリッド車や電気自動車（EV）に必要なパワー半導体にも注力しており、2022年に半導体製造を請け負うファウンドリ大手の台湾UMCの日本法人であるUSJCと協業し、三重県のUSJC桑名工場で**12インチ（300mm）ウエハを使った車載用パワー半導体**を生産することを発表しました。そして2023年、量産出荷を開始しています。加えて同年、SiCパワー半導体を使ったインバータを開発し、レクサス初のEVである新型「RZ」に搭載する計画です。同社は自動車部品メーカーですが、半導体メーカーと同様、**SiやSiCのパワー半導体の開発と量産**を行っています。

　またレゾナックは、昭和電工が日立化成を買収し、吸収合併・統合することで誕生した化学メーカーです。半導体・電子材料事業の一環としてSiCウエハの製造を手がけています。2022年から6インチ（150mm）ウエハの量産を開始しており、さらには8インチ（200mm）ウエハのサンプル提供も開始しています。レゾナックの強みは**SiCウエハの品質の高さ**です。一方でレゾナックは、あくまでSiCウエハを製造する材料メーカーであり、半導体メーカーにウエハを販売する企業です。**デバイス加工は行いません。**

● EVにおけるインバータとパワー半導体の役割

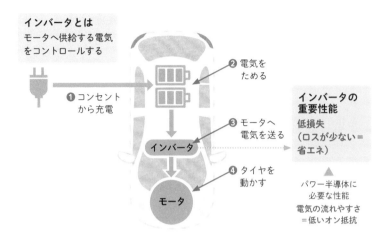

インバータとは
モータへ供給する電気
をコントロールする

❶ コンセント
から充電

❷ 電気を
ためる

❸ モータへ
電気を送る

インバータ

❹ タイヤを
動かす

モータ

**インバータの
重要性能**
低損失
（ロスが少ない＝
省エネ）

パワー半導体に
必要な性能
電気の流れやすさ
＝低いオン抵抗

● レゾナックのSiCウエハ製造工程・事業領域

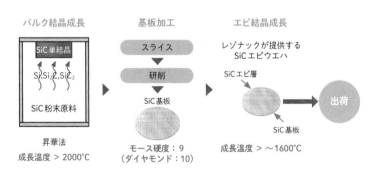

バルク結晶成長

SiC単結晶

Si_2C, SiC_2

SiC粉末原料

昇華法
成長温度 ＞ 2000℃

基板加工

スライス

研削

SiC基板

モース硬度：9
（ダイヤモンド：10）

エピ結晶成長

レゾナックが提供する
SiCエピウエハ

SiCエピ層

SiC基板

出荷

成長温度 ＞ ～1600℃

出典：レゾナック

まとめ

□ 自動車部品のデンソーは自社でパワー半導体を製造
□ 化学メーカーのレゾナックは高品質なSiCウエハを製造

135

パワー半導体の製造を請け負うJSファンダリ

　JSファンダリは2022年12月、投資ファンドであるマーキュリアインベストメントと、M&Aや資本調達に関するアドバイザリー業務を行う産業創成アドバイザリーがメインスポンサーとして発足した、国内初の独立系半導体ファウンドリ企業です。同社は新潟県小千谷市に生産拠点があります。この工場はもともと、1984年に旧・三洋電機（現・パナソニック）が設立したものです。その後は米オン・セミコンダクターに買収されましたが、JSファンダリがオン・セミコンダクターから買い取って現在に至っています。代表取締役には、沖電気工業から分社化し、現在はロームの子会社となっているラピスセミコンダクタで社長を務めた岡田憲明氏が就任しています。ラピスセミコンダクタもファウンドリサービスを手がけており、その経験が生かされると考えられます。

　JSファンダリは現在、アナログ半導体とパワー半導体の請負製造を手がけています。生産ラインはSiの6インチ（150mm）ラインのみですが、すでに新規の顧客獲得が進んでいるようで、8インチ（200mm）ラインを新たに導入する計画です。100億円以上を投資し、2025年に稼働する見込みです。さらに、凸版印刷はJSファンダリと協業契約を結び、JSファンダリの生産ラインを活用して、2023年からパワー半導体向けの受託製造ハンドリングサービスの提供を開始しています。またサンケン電気は、生産子会社の新潟サンケンを設立し、JSファンダリの半導体生産工場の一部を賃借して、2024年からパワー半導体を生産する予定です。

　JSファンダリを中心にパワー半導体の製造受託が拡大していくか、今後が楽しみです。

Part

8

社会の変化とともに需要が高まる

パワー半導体の未来

今後も成長が予測される
パワー半導体市場

● SiもSiCも市場が拡大し、特にSiCは約4.4倍の伸び

パワー半導体市場の将来については、さまざまな調査会社で分析がされています。今後はカーボンニュートラル（脱炭素化）の実現（P.144参照）に向け、各国政府の規制強化や再生可能エネルギーの拡大などを背景に成長を続けていくことが予想されます。

たとえば、フランスの市場調査会社Yole Groupによると、2022年のパワー半導体市場の規模は、ディスクリートおよびモジュールを含めて**209億ドル**とされています。そして、2022年から2028年にかけて年平均成長率8.1％で成長し、2028年には**333億ドル**に達すると予測されています。

ほかにも矢野経済研究所の予測では、パワー半導体の世界市場は2030年に**369億8,000万ドル**の規模に達するとしています。これは2022年と比較して**1.5倍以上に市場が拡大**するということです。今後も白物家電や新エネルギー向け産業機器、自動車の電動化による需要増加が見込まれ、パワー半導体のなかでも特にSiCパワー半導体が顕著に増加する見通しです。2022年から2030年にかけてのSiパワー半導体は約36％増加することが予測されていますが、SiCパワー半導体は同期間で**約4.4倍**になると考えられています。特に電気自動車（EV）向けの主機モータ駆動用インバータへの採用が進むことが想定されています。

しかしながら、全体に占める割合では、SiCパワー半導体は約17.4％程度です。8割以上は依然としてSiパワー半導体であると予測されています。

◉ パワー半導体の部品種別の売上構成比（2022～28年）

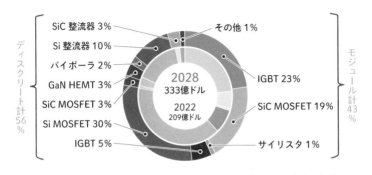

ディスクリート計56%

- SiC 整流器 3%
- Si 整流器 10%
- バイポーラ 2%
- GaN HEMT 3%
- SiC MOSFET 3%
- Si MOSFET 30%
- IGBT 5%

2028
333億ドル

2022
209億ドル

モジュール計43%

- その他 1%
- IGBT 23%
- SiC MOSFET 19%
- サイリスタ 1%

出典：Yole Intelligence「Status of the Power Electronics Industry 2023」（August 2023）をもとに作成

◉ パワー半導体の主な製造拠点

◎ パワー半導体素子製造拠点
○ ウエハ製造拠点

- 五所川原市（富士電機）
- 能美市（東芝）
- 伊丹市（住友電工）
- 合志市（三菱電機）
- 宮崎市（ローム）
- 姫路市（東芝）
- 福山市（三菱電機）
- 松本市（富士電機）
- 高崎市（ルネサス）
- 甲斐市（ルネサス）
- 市原市（レゾナック）
- 豊田市、幸田町（デンソー）
- 彦根市（レゾナック）

出典：経済産業省「資料3半導体・デジタル産業戦略の現状と今後（令和5年11月29日）を参考に作成

まとめ	□ パワー半導体市場は2030年までに1.5倍以上に拡大
	□ SiC パワー半導体は自動車の電動化とともに普及の見込み

EVの普及とともに需要が高まる
パワー半導体

● EV のインバータがSiC パワー半導体の普及を牽引

　電気自動車（EV）とは、ガソリンではなく電気で動く自動車のことです。カーボンニュートラル（P.144参照）への対策のひとつとして、**二酸化炭素（CO_2）の排出を削減できる**EVに注目が集まっており、徐々に普及しつつあります。2022年に販売された自動車におけるEVの比率は、日本では約1.4％とまだまだですが、米国では約5.8％、欧州では約12.1％、さらに中国では約20.0％を占めるまでになっています。日本では2035年までに乗用車の新車販売で**EVなどの電動車100%**を実現する方針が定められています。

　EVの構造は、ハイブリッド車と比較して簡素で、**バッテリー**と**モータ**、そしてバッテリーの電力を直流から交流に変換してモータを駆動させる**インバータ**の3つが重要です。インバータに搭載されるパワー半導体はこれまで、主にSiでつくられたIGBTが使われてきました。しかし、より低損失で**電費**（燃費に代わる言葉で電気1kWhあたりの走行距離を示す指標）を向上させる手段のひとつとして、SiCパワー半導体を採用する例が増加しています。たとえば、EV市場のトップ企業である米テスラは、2017年に販売を開始した「Model 3」の駆動モータ用インバータに、STマイクロエレクトロニクス製のSiCパワー半導体を使っています。またトヨタ自動車も、2023年に発売したレクサスブランド初のEVである「RZ」に、デンソー製SiCパワー半導体を採用したインバータを搭載しています。

　今後のEVの普及とともに、SiCを筆頭とした低損失なパワー半導体の採用が進むと考えられます。

● EVのしくみのイメージと特長・課題

写真提供：photoAC

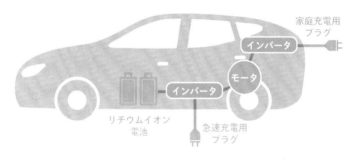

家庭充電用
プラグ

インバータ

モータ

インバータ

リチウムイオン
電池

急速充電用
プラグ

特長	課題
● CO_2排出量が少ない （ガソリン車の3割程度）	● 電池の価格が高い （技術開発・大量生産で低下の見込み）
● 電費がよい （1km走行あたりの一次エネルギー 投入量がガソリン車の3割程度）	● 電池が大きい・重い （技術開発で小型化・軽量化の見込み）
● 燃料費が安い （ガソリン車の3割程度以下）	● 充電スタンドが少ない （EV普及により整備が進展）
● 都市環境の改善 （排気ガスがない、騒音が小さいなど）	

まとめ
☐ EVの普及は国内ではまだ少ないが、海外では進んでいる
☐ SiCパワー半導体を採用したインバータが増加している

空飛ぶクルマにも採用される
パワー半導体

● 軽量であり高温・高速で駆動するパワー半導体が不可欠

「空飛ぶクルマ」とは、**電気**で動き、**自動操縦**が可能で、**垂直離着陸**の運行形態により空を移動できる、新たなモビリティです。従来の飛行機とドローンの中間に位置する乗り物といえます。正式には電動垂直離着陸機（eVTOL：electric Vertical Take-Off and Landing aircraft）と呼ばれます。空飛ぶクルマは、ヘリコプターと比べて、経済性、静粛性、環境性が高く、新たな移動手段として期待されています。2025年の大阪万博では、空飛ぶクルマの定期運航が発表されており、実用化に向けて動きはじめています。

クルマというと、私たちが普段使う道路を走るイメージですが、空飛ぶクルマには基本的に、**道路を走行する機能がありません**。しかし、日常的に利用する移動手段として認知してもらうため、「空飛ぶクルマ」と称されています。

空飛ぶクルマ実現のための重要な技術のひとつが、航空機の電動化です。電気自動車（EV）と同様ですが、電動化のために必要な技術はバッテリーとモータ、そしてインバータです。通常のクルマと空飛ぶクルマを比較すると、機体の総重量はあまり違いませんが、機体に占める**電動駆動用システムの割合**が大きく異なります。空を飛ぶためには重量は軽いほうがいいのは間違いありませんので、バッテリーやモータの軽量化とともに、**インバータも軽量化**が求められます。そのため、空飛ぶクルマに使われるインバータには、大出力に対応しており、低損失で高温・高速で駆動するSiCパワー半導体が採用されはじめています。

◉ 空飛ぶクルマのイメージと特徴

- ◉ 「電動」「自動(操縦)」「垂直離着陸」が特徴

- ◉ 新たなモビリティとして世界各国で開発の取り組みが進行

- ◉ 都市部での送迎サービス、離島や山間部での移動手段、災害時の救急搬送などの活用を期待し、日本でも世界に先駆けた実現を目指す

電動

自動
(操縦)

垂直
離着陸

- ◉ 部品点数が少ない
- ◉ 整備費用が安い
- ◉ 騒音が小さい
- ◉ 自動飛行との
  親和性が高い

- ◉ 操縦士が不要
- ◉ 運航費用が安い

- ◉ 操縦離着陸場所の
  自由度が高い

写真提供：iStock/Chesky_W
出典：国土交通省「資料5 空飛ぶクルマについて」(令和3年3月)を参考に作成

◉ 空飛ぶクルマの電動化・自動化によるコスト削減

<機体コストのイメージ>

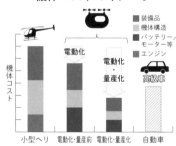

電動化により構造が簡素化。
さらに量産化によりコストは
高級車並みになる可能性

<運航コストのイメージ>

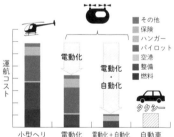

電動化により燃料費・整備費が削減
され、さらに自動化によりタクシー
と同程度のコストになる可能性

出典：経済産業省

まとめ
- □ 空飛ぶクルマは電動化と自動化、垂直離着陸による移動手段
- □ 電動化に必要なインバータの軽量化が求められる

143

カーボンニュートラルの実現に
貢献するパワー半導体

● カーボンニュートラル実現に向けた陰の主役

近年、気候変動問題への対応は避けて通れない状況下にあります。特に世界的な潮流として温室効果ガスへの対策が急務です。主要な温室効果ガスである二酸化炭素（CO_2）の排出量から、森林などによる吸収量を差し引き、実質的に排出量をゼロにする**カーボンニュートラル**（直訳で「炭素中立」）実現のための取り組みが必要です。

EUではカーボンニュートラル実現に向け、2026年から「**炭素国境調整措置（国境炭素税）**」の導入が決定しています。日本では2020年10月の所信表明演説において、当時の菅総理大臣が2050年までにカーボンニュートラル実現を目指すことを宣言しています。

カーボンニュートラル実現に向けた具体的な取り組みとしては、再生可能エネルギー（再エネ）や省エネ技術の導入、電気自動車（EV）など**CO_2排出ゼロの自動車の普及**、エネルギーの効率利用といったことが挙げられます。こうした取り組みを進めるためのキーデバイスとしてパワー半導体が重要になります。

これまでにみてきたように、太陽光や風力などの再エネによる発電や電力変換、送電などの電力インフラ、自動車の電動化、電化製品のインバータ化による省エネといった**多くの場面でパワー半導体が貢献**しています。加えて、SiCやGaN、さらには次世代パワー半導体が実用化されることで、これまで以上にエネルギー損失を減らし、エネルギーの有効活用が進みます。多くの人の目に触れるものではありませんが、パワー半導体はカーボンニュートラルの実現に向けた陰の主役といえるでしょう。

さまざまな場面で活用されるパワー半導体

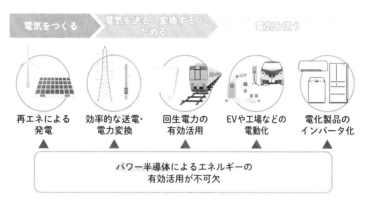

出典：三菱電機株式会社「#07　SDGsへの取組事例　パワー半導体デバイス」を参考に作成

省エネ・脱炭素化を実現する技術としてパワー半導体が貢献

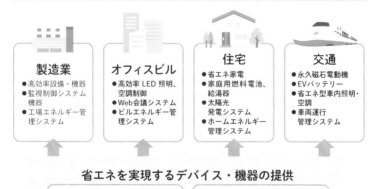

出典：一般社団法人　電子情報技術産業協会「電機・電子業界の温暖化対策」を参考に作成

まとめ	☐ 日本は2050年までにカーボンニュートラル実現を目指す ☐ 再エネによる発電や省エネなどにパワー半導体が活躍

経済産業省による
パワー半導体への支援

● 3ステップで国内のパワー半導体産業を強化

　経済産業省は2021年6月に「半導体戦略」と題した資料で、日本の半導体産業の現状と将来予測を示しています。それには、1988年には世界シェア50％超があった日本ですが、その後は凋落の一途をたどり、2019年には約10％、そして将来的にほぼ0％になるという危機感が表されていました。ただし、ここで示されている半導体は主にロジック半導体を指します。これらの対策として現在進められているのが、TSMCの熊本工場建設やラピダスの設立です。

　半導体戦略のなかでは、パワー半導体についても3ステップで強化してくことが掲げられています。ステップ1では、足下の**製造基盤の確保**として、「国内での連携・再編を通じたパワー半導体の生産基盤の強化」を挙げています。ステップ2では、**次世代技術の確立**として、「SiCパワー半導体などの性能向上・低コスト化」を挙げています。そしてステップ3では、**将来技術の研究開発**として「GaN・Ga_2O_3パワー半導体の実用化に向けた開発」とされています。

　ステップ1と2の実現のため、経済産業省が打ち出しているのが**大規模な助成金**です。SiCパワー半導体を中心に国際競争力を将来にわたって維持するため、必要と考えられる2,000億円以上の投資に対して、投資額の3分の1を補助するとしています。この条件を単独で満たすことが難しい場合は、複数社での協業などが想定されていました。そして2023年12月、ロームと東芝が共同で申請したパワー半導体に関する**事業総額3,883億円の投資**と量産計画が認定され、最大で1,294億円が補助されることが決まっています。

経済産業省によるパワー半導体戦略の3ステップ

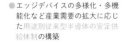

| ステップ1
足下の製造基盤の確保 | ステップ2
次世代技術の確立 | ステップ3
将来技術の開発 |

● 国内での連携・再編を通じたパワー半導体の生産基盤の強化

● エッジデバイスの多様化・多機能化など産業需要の拡大に応じた用途別従来型半導体の安定供給体制の構築

● SiC パワー半導体などの性能向上・低コスト化

EV など

● GaN・Ga₂O₃ パワー半導体の実用化に向けた開発

自動車の電動化が進むなか、市場が大きく拡大するSiC など次世代パワー半導体の省エネ化・グリーン化に取り組む

2030 年以降に再生エネルギー関連設備などで需要が拡大するGaN・Ga₂O₃ パワー半導体などの実用化を進めていく

刷新補助金や経済安全保障推進法に基づく支援により、製造拠点の整備を進めるとともに、サプライチェーンでの製造装置・部素材・原料も国内製造能力を強化。

● 台湾との交流を深化しつつ、新生シリコンアイランド九州が世界の中核を担うことを目指す。日本の幅広い産業に半導体の活用を広め、DX・スタートアップの拡大にもつなげる

● パワー半導体では、SiC などを中心に今後需要が拡大するなか、日本企業は複数社でシェアを分け合う。激化する国際競争を勝ち抜くため、国内での連携・再編を図り、日本全体としてパワー半導体の競争力を向上

出典：経済産業省「資料3 半導体・デジタル産業戦略の現状と今後（令和5年11月29日）を参考に作成

助成金の申請・認定の対象となる計画と事例

| パワー半導体 | マイコン | アナログ |

● SiC パワー半導体を中心に、国際競争力を将来にわたり維持するために必要と考えられる相当規模の投資（原則として事業規模2,000 億円以上）であること。また、認定に当たっては、重要な部素材の調達に向けた取組内容についても考慮することとする

● 導入する設備・装置の性能が先端的であること

● 設備投資規模が著しく大きく（原則として事業規模 300 億円以上とする）、民間独自の取組だけでは実現が困難であること

● 導入する設備・装置の性能が先端的であること

認定供給確保計画
ローム、ラピスセミコンダクタ、東芝デバイス＆ストレージ、加賀東芝エレクトロニクス
令和5 年 12 月 8 日認定
最大助成額は約 1,294 億円

出典：経済産業省「経済安全保障政策 半導体」をもとに作成

| まとめ | ☐ 足下の強化、次世代技術、将来技術の3ステップで強化
☐ 大規模な助成金で国内企業の競争力を向上させる |

次世代のパワー半導体

● さまざまな候補となる材料の研究開発が進められている

かつてパワー半導体は、ほぼ100%の割合でSi（シリコン）を用い
てつくられていました。Siを使うことで、Part3やPart4でみてきた
ように、ICと構造や製造方法に違いはあるものの、**多くの製造装置
に互換性**があり、量産体制の確立や性能向上を実現できました。

しかし、Part5で解説したように、Siを使ったパワー半導体の性能
向上は、**材料特性上の限界**が近づいています。そのため、SiCやGaN
を使ったパワー半導体の実用化が進みつつあります。10年以上前で
あれば「次世代パワー半導体」といえばSiCやGaNでしたが、近年
ではさらにその先を見据えた材料開発を指すようになっています。
とはいえ、次世代パワー半導体に明確な定義はありませんので、そ
の点はご了承ください。

本書では、次世代パワー半導体として、**酸化ガリウム**（Ga_2O_3）、**ダ
イヤモンド、窒化アルミニウム**（AlN）を使ったパワー半導体を取り
上げます。ただし、これ以外にも候補となる材料として、立方晶窒化
ホウ素（c-BN）やルチル型GeO_2（r-GeO_2）などがあり、大学や研究
機関で日々研究開発が進められています。こうした次世代パワー半
導体の候補となる材料は、**ウルトラワイドバンドギャップ（UWBG）
半導体**と呼ばれます。SiCやGaNよりもさらに、低損失化や高耐圧化
を実現するポテンシャルをもった材料です。

次世代パワー半導体のなかで実用化に近づいているのは酸化ガリ
ウムですが、ほかの多くの材料は2030年からそれ以降の実用化が目
指されています。

次世代のパワー半導体材料の特徴

	バンドギャップエネルギーEg (eV)	電子移動度 (cm²/V・s)	飽和電子速度 Vsat (10⁷cm²/s)	絶縁破壊限界 Ecrit (MV/cm)	熱伝導率	主な利点	主な課題
Si[*1]	1.12	1,500	1.0	0.3	145	コスト、実績がある、量産性	IGBTのリーク電流など
4H-SiC[*1]	3.3	1,000	2.0	2.2〜3.0	370	Siより耐圧向上	コスト、小型化、耐圧向上
GaN[*1]	3.4	1,000	2.5	2.5〜3.5	253	高周波の用途に優れる	縦型の実用化に難点
AlGaN[*1]	3.4〜6.0	150〜400	1.3〜2.5	最大15	253〜319	GaNよりパワー特性に優れるなど	AlN基板のコスト
β-Ga₂O₃[*1]	4.5〜4.9	180〜300	1.5	8.0	11〜27	コストを半減できる可能性など	放熱性など
α-Ga₂O₃[*2 *3]	5.3〜5.7	300	不明	10.0	不明	薄膜でデバイスの自由度が高いなど	放熱性など
ダイヤモンド[*1 *4]	5.5	1700(n) 570(p)	1.9	10〜13	2000〜2280	各特性を高水準に備える	n型をつくりにくいなど
AlN[*1 *4]	6.0〜6.2	425	1.3	12〜15	285〜319	他窒化物半導体のノウハウを使える	p型をつくりにくいなど
c-BN[*1 *4]	6.25〜6.5	825	4.3	9.3〜17.5	900〜1300	p型・n型の両方がつくれる	単結晶の作業が困難
GeO₂[*3]	4.6	377(n) 29(p)	不明	不明	51	p型・n型の両方がつくれるなど	薄膜のバルクの結晶の品質向上

※1 サンディア国立研究所のJ.Y.Tsao氏の論文
※2 FLOSFIAの四戸孝氏の論文
※3 立命館大学の金子健太氏の資料
※4 NTTの資料

まとめ
- □ SiCやGaNよりも性能向上を図れる次世代パワー半導体
- □ 2030年以降の実用化を目指して研究開発が進行中

酸化ガリウム（Ga₂O₃）を使ったパワー半導体

● 実用化が見えてきた次世代パワー半導体材料のひとつ

　実用化が進んでいるSiCやGaNに続き、次世代のパワー半導体として注目されている材料のひとつが酸化ガリウム（Ga₂O₃）です。

　酸化ガリウムとは、ガリウム（Ga）と酸素（O）で構成される化合物半導体材料で、SiCやGaNより**バンドギャップと絶縁破壊電界が大きい**という特徴があります。そのため、一層の低消費電力化、高耐圧化を図ることができます。酸化ガリウムには結晶構造の違いからα-Ga₂O₃とβ-Ga₂O₃があり、それぞれ日本のFLOSFIAとノベルクリスタルテクノロジーが開発を進めています。

　FLOSFIAは、京都大学発のベンチャー企業で、2011年に設立されました。三菱重工業やデンソーなどが出資しており、**SBD**（Schottky Barrier Diode）と呼ばれるGa₂O₃のダイオードのサンプル提供をしています。

　ノベルクリスタルテクノロジーは、電子部品メーカーであるタムラ製作所から分割された企業であり、情報通信研究機構（NICT）の技術移転ベンチャーとして2015年に設立されました。こちらには三菱電機や安川電機などが出資しており、SBD開発と**実機での動作確認**が進められています。

　酸化ガリウムの最大の課題は**製造コスト**です。現状、最大で4インチと小径ウエハでさえ高額です。今後は6インチ、さらには8インチ化が進められる予定で、製造原理上はSiCより安価につくることが可能とされているため、そのための技術開発が進められています。

α-Ga₂O₃とβ-Ga₂O₃の特徴

	α -Ga₂O₃	β -Ga₂O₃
主な企業	FLOSFIA	ノベルクリスタルテクノロジー
結晶成長	ミストドライ法	融液成長
成長速度	○ 真空装置が不要なため、準備時間が短縮できる	○ 気相成長法に比べて約100倍の速さ
加工難易度	○ Siと同程度の硬さのため、加工しやすい	○ Siと同程度の硬さのため、加工しやすい
コスト	○ SiC比で1/2〜1/3の見込み	△ 将来性はあるが現状は高額。低コスト化に向けて改善必要
量産性	○ バルク結晶は作製しないがエピ成長のみでよいため、量産性がある	○ バルク結晶を作製するため、量産に適している
基板品質	△ 格子定数の違うサファイア基板上に成膜しているため、結晶欠陥ができやすい。ただし、欠陥が耐圧劣化に影響がないという報告がある	○ 高品質な結晶基板がすでに作製できている
基板サイズ	△ 現状4インチまで成膜実績あり	○ 2、4インチまでは開発済み。2025年に6インチ基板、2028年に8インチ基板を販売予定
放熱性	○ 薄膜で扱うため、放熱特性がよい	△ 放熱特性が悪いため、薄膜化が必要。実デバイスでは問題がないとされる100μmまで薄膜化できている
信頼性検証	× 現在検証中	× 現在検証中
開発状況	SBDサンプル出荷中 MOSFETは現在開発中	SBDサンプル出荷中 MOSFETは現在開発中
n型ドーピング	○ Siやスズ（Sn）など	○ Siやスズ（Sn）など
p型ドーピング	○ 酸化イリジウムをp型に使った横型MOSトランジスタの動作を検証済み。ほかの材料も含めて研究中	△ p型の制御が難しく、工夫が必要。p型にアモルファス酸化物（酸化銅（Ⅰ）、酸化ニッケル）を用いることで高電圧がかけられる報告がある
縦型トランジスタ	△ 薄膜で扱うため、縦型の作製は難しい	○ 動作検証済み
横型トランジスタ	○ 動作検証済み	○ 動作検証済み

Part **8** パワー半導体の未来

まとめ
☐ 酸化ガリウムはSiCやGaNより優れた材料
☐ 日本のベンチャー2社が研究開発を牽引している

151

ダイヤモンドを使ったパワー半導体

● パワー半導体として大きな可能性をもつダイヤモンド

　「ダイヤモンド」と聞くと、多くの方は宝飾品をイメージするかもしれませんが、実は半導体として極めて優れた特性をもっている材料です。そのため「**究極の半導体材料**」ともいわれます。ダイヤモンドはバンドギャップ、電子移動度、絶縁破壊電界、熱伝導率などの重要な指標が軒並み高い材料です。といっても、**ウエハの作製や加工が大変困難**であり、コストが高い点などの課題はあります。ちなみに半導体用のダイヤモンドは工業製品なので、人工のダイヤモンドが使われます。

　しかし近年、技術的なブレイクスルーが少しずつ起こっています。精密宝石部品などを扱うOrbray（アダマンド並木精密宝石から商号変更）が2021年、2インチウエハの技術開発に成功しました。そしてそのウエハを使って佐賀大学理工学部の嘉数教授らの研究グループは2022年に横型MOSFETをつくり、世界最高レベルのパワーデバイスの動作を研究レベルで実現しています。さらにOrbrayは2023年、トヨタ自動車とデンソーが共同出資で設立した車載半導体などの研究開発を行うミライズテクノロジーズと、ダイヤモンドパワー半導体に関する**共同研究契約**を締結し、研究を開始しています。

　ほかにも、北海道大学と産業技術総合研究所の研究成果をもとに2022年に設立されたスタートアップである大熊ダイヤモンドデバイスや、早稲田大学発のスタートアップでこちらも2022年設立のPower Diamond Systemsなどが、2020年代後半から2030年代にダイヤモンドパワー半導体を実用化するべく研究開発を進めています。

⬤ ダイヤモンドパワー半導体の特徴

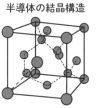

ダイヤモンド

写真提供：photoAC

シリコン

写真提供：Wikimedia/Enricoros
at English Wikipedia

半導体の結晶構造

	シリコン	SiC	GaN	ダイヤモンド	ダイヤモンド半導体の特性
バンドギャップ	1	2.9	3.0	4.9	5倍の高温で動作
絶縁破壊電界強度	1	9.3	16.6	33	33倍の高電圧で動作
熱伝導度	1	3.8	1.2	17	17倍放熱しやすい。温度上昇がない
バリガ性能指数	1	580	3800	49000	5万倍大電力で高効率のデバイス特性
ジョンソン性能指数	1	420	1100	1225	1200倍の6G向け高速パワーデバイス特性

出典：国立大学法人　佐賀大学　嘉数誠　「世界初ダイヤモンド半導体パワー回路を開発　高速スイッチング、長時間連続動作を実証」をもとに作成

⬤ ダイヤモンドパワー半導体が活躍する領域

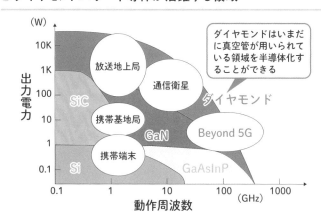

出典：国立大学法人　佐賀大学　嘉数誠　「世界初ダイヤモンド半導体パワー回路を開発　高速スイッチング、長時間連続動作を実証」をもとに作成

まとめ	☐ ダイヤモンドは究極の材料と呼ばれ、優れた特性をもつ ☐ 大学やスタートアップでの研究開発が進んでいる

窒化アルミニウム（AlN）を使った
パワー半導体

　窒化アルミニウム（AlN）は、**ダイヤモンドより大きなバンド
ギャップ**をもち、絶縁破壊電界もダイヤモンドと同等です。熱伝導率
も優れた特性をもっています。そのため、パワー半導体として機能さ
せることができれば、電力損失がSiCやGaNの半分以下（理論上）に
抑えられると考えられています。

　材料としてのAlNは、一世紀以上前に合成されています。以前は
絶縁体として利用されていましたが、2002年にNTTが世界で初めて
AlNの半導体化に成功し、半導体デバイスとしての応用の可能性が
出てきました。しかし、ほかの材料も同様ですが、基板となる**ウエハ
のコストが高い**というデメリットがあり、パワー半導体としての研
究開発はあまり進んでいませんでした。

　そんななかで2022年、NTTはAlNを使ったトランジスタの開発に
成功したことを発表しています。NTTのAlNトランジスタは**極めて
小さなリーク電流**（オフにしたときに意図しない経路で漏れる電流）
と、パワー半導体の性能として重要な**高い絶縁破壊電圧**を実現して
います。さらに500℃という高温でも安定した動作が確認されまし
た。とはいえ、あくまでトランジスタの動作が可能であることを確認
した段階なので、実用化に向けてはさらなる研究開発が必要です。

　さらに旭化成は2023年8月、同社の米国子会社であるCrystal IS
が4インチ（100mm）の**AlN単結晶基板**の製造に成功したことを発
表しています。AlNウエハの作製には、2000℃を超える高温での緻
密な制御が必要です。今後さらなる改善も進められていく予定です。

⚫ AlNの固有オン抵抗率と絶縁破壊電圧

ウルトラワイドバンドキャップ半導体

	Si	4H-SiC	GaN	β-Ga₂O₃	Diamond	AlN
バンドギャップ（eV）	1.1	3.26	3.4	4.5	5.5	6.0
絶縁破壊電界（MV/cm）	0.3	2.5	3.3	8.0	10	12

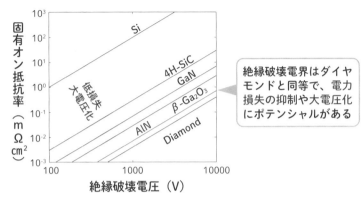

絶縁破壊電界はダイヤモンドと同等で、電力損失の抑制や大電圧化にポテンシャルがある

出典：日本電信電話株式会社「世界初、窒化アルミニウムトランジスタを実現〜カーボンニュートラルに貢献する次世代パワーデバイスの本命登場〜」（2022年4月22日）をもとに作成

⚫ AlNトランジスタの模式図

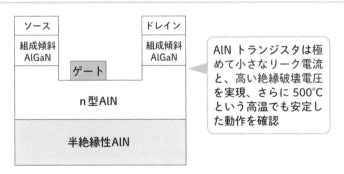

AlN トランジスタは極めて小さなリーク電流と、高い絶縁破壊電圧を実現、さらに 500℃という高温でも安定した動作を確認

出典：日本電信電話株式会社「世界初、窒化アルミニウムトランジスタを実現〜カーボンニュートラルに貢献する次世代パワーデバイスの本命登場〜」（2022年4月22日）をもとに作成

まとめ	☐ AlNもダイヤモンドと同様、高いポテンシャルをもつ ☐ NTTによってトランジスタの動作が確認された

パワー半導体の未来

　これまでみてきたように、パワー半導体は身近な電化製品、電車や電気自動車（EV）などの移動手段、そして太陽光発電などの電力インフラや通信インフラなど、社会のあらゆる領域で活躍しています。

　そして未来に向けては、カーボンニュートラル実現の潮流、EVの普及や空飛ぶクルマの実現などの場面で、これまで以上に**低損失で高効率なパワー半導体**が必要とされるでしょう。すでに実用化の段階に入っているSiCやGaN、さらには次世代パワー半導体として期待されている酸化ガリウム（Ga_2O_3）やダイヤモンドなどの研究開発が、大学やスタートアップなどを中心に進められています。

　世界の半導体産業における日本の存在感は2000年代以降、低下の一途をたどっていますが、近年では**国をあげて支援する流れ**に変わってきています。パワー半導体の分野では、**複数企業乱立**の是非が問われることもありますが、存在感のある企業もたくさんあります。加えて、日本には強い半導体製造装置メーカーや半導体材料メーカーが複数あるので、**一丸となって国際競争力を高めていく**ことが必要とされるでしょう。

　そして、パワー半導体の未来が明るく変わっていくなか、業界で活躍する**専門的な人材の育成**も必要になります。近年では大学や高等専門学校を中心に、企業と共同による人材育成が行われはじめています。人材育成には、企業を支援する以上に時間がかかります。各教育機関や企業、そして日本が国際競争力を保つための長期的な視点に立った、国のブレない継続的な支援が重要です。

● 需要が拡大するパワー半導体の領域

送電システム

▶電力損失を低減したい

電車

▶インバータ装置を
小型化・軽量化したい

**電動車両
（ハイブリッド車や
電気自動車など）**

▶冷却機構の小型化・
軽量化をしたい

生産設備

▶生産設備の電力損失
低減や小型化を図りたい

GaNやSiCを利用

太陽電池

▶パワー・コンディショナーを
高効率化したい

パソコン

▶ACアダプタを小型化し、
ノートパソコンに
内蔵したい

白物家電

▶エアコンをさらに
省エネしたい

サーバー機

▶サーバー機の電力損失低減によって
データセンターの
消費電力を削減したい

出典：一般社団法人 環境金融研究機構 「超省エネ、次世代パワー半導体を開発へ。国内の使用電力を1割削減可能に。ノーベル物理学賞受賞の名古屋大・天野浩教授らの研究グループ（中日新聞）」（2016-10-13）をもとに作成

● 半導体業界での人材育成のしくみ

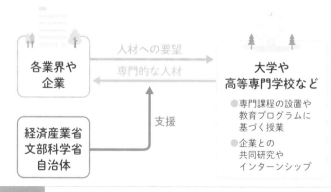

各業界や
企業

人材への要望 →
← 専門的な人材

大学や
高等専門学校など

● 専門課程の設置や
教育プログラムに
基づく授業
● 企業との
共同研究や
インターンシップ

経済産業省
文部科学省
自治体

支援 →

| まとめ | □ 今後、低損失で高効率なパワー半導体が求められる
□ 人材育成を含めた継続的な支援が重要 |

Part 8

パワー半導体の未来

Index

■ 問い合わせについて

本書の内容に関するご質問は、下記の宛先までFAX または書面にてお送りください。
なお電話によるご質問、および本書に記載されている内容以外の事柄に関するご質問には
お答えできかねます。あらかじめご了承ください。

〒162-0846
東京都新宿区市谷左内町21-13
株式会社技術評論社　書籍編集部
「60分でわかる！　パワー半導体 超入門」質問係
FAX:03-3513-6181

※ご質問の際に記載いただいた個人情報は、ご質問の返答以外の目的には使用いたしません。
　また、ご質問の返答後は速やかに破棄させていただきます。

60分でわかる！ パワー半導体 超入門

2024 年 3 月 28 日　初版　第 1 刷発行
2024 年 6 月 13 日　初版　第 2 刷発行

著者………………………半導体業界ドットコム

発行者………………………片岡　巌
発行所………………………株式会社 技術評論社
　　　　　　　　　　　　東京都新宿区市谷左内町 21-13
電話………………………03-3513-6150　販売促進部
　　　　　　　　　　　　03-3513-6185　書籍編集部
編集………………………株式会社エディポック
装丁………………………菊池　祐（株式会社ライラック）
本文デザイン…………山本真琴（design.m）
DTP／作図……………株式会社エディポック
担当………………………伊東健太郎（技術評論社）
製本／印刷…………大日本印刷株式会社

ISBN978-4-297-13999-5 C3055
Printed in Japan